JN260115

エナジー・ウォッチ
―― 英国・欧州から3.11後の電力問題を考える ――

野村宗訓

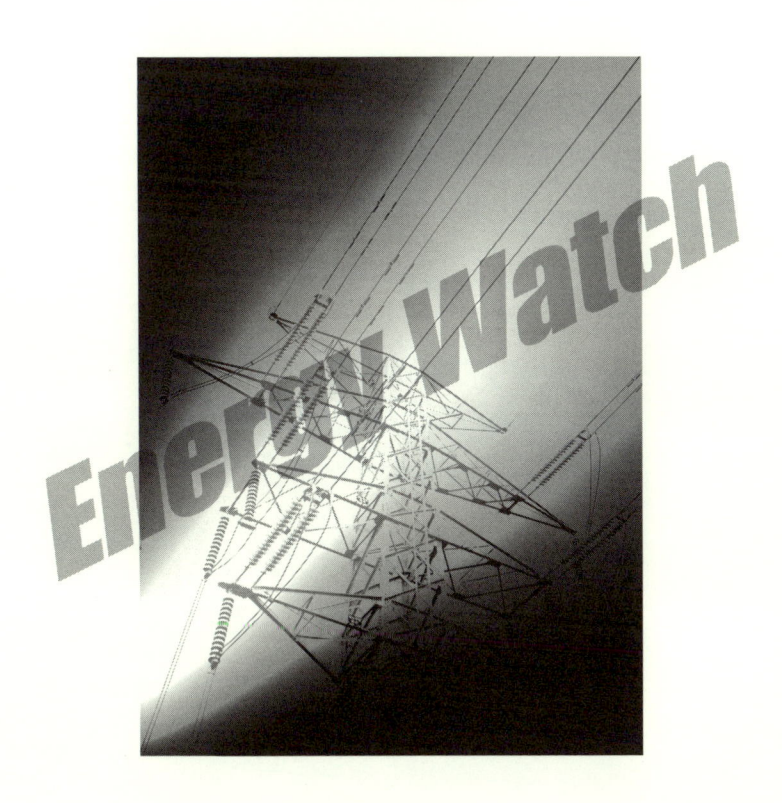

同文舘出版

は じ め に

　英国において，電力民営化に関する政府見解が公表されたのは，今から四半世紀前の1988年である。欧州委員会の自由化導入よりも早く，英国は公益事業の改革に着手していた。その後も，着実に自由化を実行し，様々な実験を繰り返している。本書では，エネルギー，環境，運輸という複数の領域にまたがる論点について，英国と欧州を中心にウォッチし，制度改革や市場と政府の役割と課題を考察する。

　公益事業の制度設計には，必然的に市場活用の限界が伴うばかりではなく，不確実性へのヘッジの仕組みが必要となる。その仕組みとして，公的支援や株式取得の制限などによる対応も利用される。電力・ガス事業が生産活動と日常生活に不可欠な財であるので，伝統的に政府の関与が安易に認められてきた面もある。しかし，世界的に競争原理を適用する実験が加速している状況下で，旧式の所有形態や安定性確保だけが正しい道ではない。

　わが国は資源小国であるが故に，水力，火力，原子力の電源についての「ベストミックス」を達成できるように，エネルギー政策が形成されてきた。2000年の小売り「部分自由化」の導入後，近年は，低炭素社会の実現を目指して，再生可能エネルギーの普及を考慮に入れた政策も実施されている。しかし，昨年3月に起きた東日本大震災の影響で，原子力発電の再稼働は難しく，エネルギー産業を取り巻く環境は一変した。電力多消費型の製造業の空洞化が懸念されているばかりか，電力料金の

値上げが避けられない状況から，わが国の経済全体が危機的な局面に立たされている。

　本書では，英国と欧州が広域経済圏のなかで，競争指向のエネルギー改革を続け，競争が機能しない領域や，競争導入の実験が行き詰まった場合に，公的な誘導策に基づくエネルギー政策を採用している点を明らかにする。電力・ガス事業は，一国の社会生活に多大な影響を持つ。英国と欧州において，政府・公的組織が一定の指針を明示しながら，民間企業とのコラボレーションによって官民連携（PPP：Public Private Partnership）を具体化している点は，エネルギー政策のサステイナビリティを高めていると判断できる。各章で提示した論点が，長期的な視点から，わが国の直面する課題の解決につながるものと信じている。

　2012年3月

野村　宗訓

略語一覧

APX（Amsterdam Power Exchange）：オランダに拠点を置くエネルギー取引所
APX（Automated Power Exchange）：英国の電力取引所
ATOC（Association of Train Operating Companies）：英国の列車運行会社の事業者団体
BBL（Balgzand Bacton Line）：英国とオランダ間のガス・パイプライン運営会社
BETTA（British Electricity Trading and Transmission Agreement）：英国電力取引市場の広域化制度
BE（British Energy）：英国原子力発電の専門会社
BGC（British Gas Corporation）：英国国有ガス公社
BGT/ Centrica（British Gas Trading/ Centrica）：英国ガス・電力小売り供給会社
BNF（British Nuclear Fuel Limited）：英国原子燃料会社
CCGT（Combined-Cycle Gas Turbine）：ガスと蒸気を組み合わせた高効率発電
CCS（Carbon Capture and Storage）：炭素回収貯留技術
CEER（Council of European Energy Regulators）：欧州エネルギー規制協議会
CEGB（Central Electricity Generating Board）：英国の国有発送電会社
CKI（Cheung Kong Infrastructure）：香港のインフラファンド
CLG（Company Limited by Guarantee）：有限責任会社
CNPA（Civil Nuclear Police Authority）：民間原子力警察局
COGL（Caledonia Oil and Gas Limited）：英国のエネルギー会社
CS（Credit Suisse）：スイスに拠点を置く金融グループ
DBERR（Department for Business, Enterprise and Regulatory Reform）：ビジネス・企業・規制改革省
DECC（Department of Energy and Climate Change）：エネルギー気候変動省
DEFRA（Department of Environment, Food and Rural Affairs）：環境・食糧・農村地域省
DETI（Department of Enterprise, Trade and Investment）：北アイルランド企業・貿易・投資庁
DFT（Department for Transport）：運輸省
DTI（Department of Trade and Industry）：貿易産業省
DTLR（Department of Transport, Local Government and the Regions）：運輸・地方政府・地域省
EDF（Electricite de France）：フランス電力会社
EIB（European Investment Bank）：欧州投資銀行
ENEL（Ente Nazionale per l'energia ELettrica）：イタリア政府系電力会社
ENI（Ente Nazionale Idrocarburi）：イタリア政府系石油ガス会社
EPR（European Pressurized Reactor）：欧州加圧水型原子炉
ERGEG（European Regulators' Group for electricity and gas）：欧州電力・ガス規制者団体
GDF（Gaz de France）：フランスガス会社

GE（General Electric）：アメリカに拠点を置くコングロマリット会社
GIP（Global Infrastructure Partners）：CSとGEの出資を受けるファンド会社
IPC（Infrastructure Planning Commission）：インフラ計画委員会
ISO（Independent System Operator）：独立系統運用者
LDZ（Local Distribution Zone）：ガス低圧配管
LNG（Liquefied Natural Gas）：液化天然ガス
LTG（Lattice Group）：ガス・パイプライン会社
LMA（Liability Management Authority）：負債管理局
MOU（Memorandum of Understanding）：覚書き
NAO（National Audit Office）：会計監査局
NDA（Nuclear Decommission Authrity）：原子力廃止措置局
NEGP（North European Gas Pipeline）：欧州北部ガス・パイプライン
NETA（New Electricity Trading Agreement）：新電力取引協定
NGC（National Grid Company）：イングランド・ウェールズの送電会社
NGET（National Grid Electricity Transmission）：英国の送電系統運用会社
NGG（National Grid Group）：イングランド・ウェールズの送電会社グループ
NGT（National Grid Transco）：英国のエネルギー・インフラ会社
NIE（Northern Ireland Electricity）：北アイルランドの電力会社
NLF（Nuclear Liability Fund）：原子力負債基金
NP（National Power）：民営化時に設立された火力発電会社
NTS（National Transmission System）：高圧配管
OFGEM（Office of Gas and Electricity Markets）：ガス電力規制庁、エネルギー規制当局
OFT（Office of Fair Trading）：公正取引庁
ORR（Office of Rail Regulation）：鉄道規制庁
PG（PowerGen）：民営化時に設立された火力発電会社
PIU（Performance and Innovation Unit）：英国政府の政策推進機関
PTE（Passenger Transport Executive）：鉄道部門の旅客輸送公社
PWR（Pressurized Water Reactor）：加圧水型軽水炉
REZ（Renewable Energy Zone）：再生可能エネルギー・ゾーン
SMP（System Marginal Price）：システム限界価格
SO（System Operator）：電力系用運用者
SP（Scottish Power）：スコットランドの電力事業者
SPTL（Scottish Power Transmission Limited）：スコットランドの送電設備保有会社
SRA（Strategic Rail Authority）：戦略的鉄道局
SSE（Scottish Southern Energy）：スコットランドの電力事業者
TENs（Trans-European Networks）：欧州域内インフラ整備計画
TO（Transmission Owner）：送電設備所有者
UKAEA（United Kingdom Atomic Energy Authority）：英国原子力公社
VPP（Virtual Power Plant）：仮想発電設備

目　次

はじめに ……………………………………………………(1)
略語一覧 ……………………………………………………(3)

第1章　原子力発電の将来
―競争下で維持できるのか？― …………………………1

第1節　自由化の下で破綻した原子力 ……………………3
　1．拡張路線をとったブリティッシュ・エナジー　3
　2．卸料金低下で逆ザヤに　4
　3．自由化見直しは必至　5

第2節　原子力と廃棄物処理の将来 ………………………6
　1．自由化後の原子力政策　7
　2．廃棄物処理の費用負担　7
　3．「負債管理局」の新設　9

第3節　公的資金による原子力の救済 ……………………10
　1．政府介入による維持　11
　2．ブリティッシュ・エナジーの戦略と人事刷新　12
　3．窮地に立つ公益事業　12

第4節　エネルギー法制定と原子力 ………………………13
　1．「廃止措置局」を創設　14

2．ブリティッシュ・エナジー救済の法的措置　　14

　　3．政府主導の解決策　　15

第5節　原子力を支える廃止措置局 …………………16

　　1．原子力容認の政府方針　　16

　　2．NDAの現状と将来　　17

　　3．情報公開と第三者評価　　19

第6節　設備老朽化と新規電源の開発 …………………19

　　1．既存設備の閉鎖計画　　20

　　2．CCGT等の新規投資　　21

　　3．エコ電源の実現可能性　　22

第7節　原発停止後の電源確保 …………………23

　　1．他国企業依存の原発推進　　23

　　2．原発の水害リスク調査　　24

　　3．減原発と今後の方向性　　24

第2章　電力取引の活性化
―公平な送電線利用が不可欠―　　27

第1節　広域電力取引市場の形成 …………………29

　　1．市場統合計画の背景　　29

　　2．想定される便益と費用　　30

　　3．新制度がもたらす変化　　31

第2節　北アイルランドの自由化 …………………32

　　1．民営化以降の競争状態　　32

　　2．制度設計の進展と模索　　34

3．2つの連系線への期待　35
第3節　自由化と事業規則の整備 …………………………36
　　1．細分化された電力事業規則　36
　　2．ガス導管網再編と規則変更　37
　　3．現実的な改定の必要性　38
第4節　スコットランド・ISO設立 …………………………39
　　1．所有者と運用者の区分　39
　　2．送電線増強と料金規制　41
　　3．離島問題解決の方向性　41
第5節　送電連系線の混雑管理手法 …………………………42
　　1．不可欠設備の共通点　42
　　2．多様な混雑管理手法　43
　　3．新しい解決策の模索　45
第6節　オランダ電力取引所の成長 …………………………46
　　1．取引所の新設と再編　46
　　2．拡張路線のオランダAPX　48
　　3．系統運用者との関係　48
　　4．市場活性化の具体策　49
第7節　欧州電力取引所の活性化方策 ………………………50
　　1．取引所は好調なのか　51
　　2．ベルギーと蘭仏の協力　51
　　3．欧州内で進む市場連動　52
　　4．仮想発電設備の活用　53

| 第3章 | 電力・ガス供給網の充実 ─設備投資を促す工夫─ | 55 |

第1節　エネルギー・インフラ会社の誕生 …………57
　1．合併当事者の概要　57
　2．合併の効果と評価　58

第2節　ロンドンにおける停電と送電投資 …………59
　1．停電の原因と影響　60
　2．規制当局側の認識　61
　3．設備投資額の推移　61

第3節　ガス設備拡充と地域網の分離 …………63
　1．インフラ施設の整備　63
　2．地域網の分離・売却　64
　3．小売り料金への影響　65

第4節　自由化後の投資インセンティブ …………66
　1．投資インセンティブ　67
　2．リスク負担の軽減策　68
　3．インフラへの集中化　69

第5節　ガス値上げとLNGターミナル建設 …………70
　1．とまらない料金値上げ　70
　2．インフラ整備の具体策　71
　3．長期計画に基づく発展　73

第4章　全面自由化後の料金動向
―求められる値上げ対策― 75

第1節　TXUの自由化対応策 …………77
1．ビジネス拡大路線　77
2．固定料金制の導入　78

第2節　配電・小売りビジネスの寡占化 …………80
1．配電・小売り14社の所有　80
2．寡占5大グループの台頭　82
3．NETAと垂直統合の関係　82

第3節　小売り自由化と販売戦略 …………83
1．激化する料金値下げ　84
2．需要創出と社会貢献　85
3．基本は地域密着経営　86

第4節　自由化後の料金公平性 …………87
1．料金格差の実情　87
2．エネルギー困窮者　89
3．政府による対応　89

第5節　小売り自由化とスイッチング …………90
1．自由化後の寡占状態　91
2．スイッチングの詳細　92
3．強まる料金上昇傾向　93

第6節　自由化の成功を支える規制当局 …………94
1．高いスイッチング率　94
2．支配的地位の違法性　95

3．メータ市場も対象に　96
第7節　小売り料金値上げの背景 …………………97
　　1．ガス価格の不安定化　97
　　2．料金上昇への効果的対応　98

第5章　環境ビジネスの成長
―低炭素社会実現に向けて―　101

第1節　自由化後の問題解決策 …………………103
　　1．原子力の公的管理を強化　103
　　2．再生可能エネルギーの支援体制　104
　　3．エネルギー規制の改善策　104
第2節　ヴァージン・グループの環境ビジネス進出 ………105
　　1．航空分野での取り組み　106
　　2．エタノール生産に投資　106
　　3．ブランソンの革新経営　107
第3節　炭素回収貯留技術プロジェクト ………………108
　　1．炭素回収貯留技術導入の背景　108
　　2．先行するドイツ　109
第4節　炭素回収貯留技術の開発競争 …………………111
　　1．技術開発競争の促進　111
　　2．BPオルタナティブ・エナジー撤退の背景　111
　　3．競争と協調の模索　112
第5節　環境対応車普及のための支援策 …………………113
　　1．削減努力と需要喚起　114

2．公共充電施設の拡充　　114
　　3．カギとなる連携強化　　116
第6節　低炭素化進めるインフラ計画 …………………117
　　1．重要インフラの指定　　117
　　2．独立組織による審査　　117
　　3．低炭素社会の実現へ　　119
第7節　政府主導で急ぐ電力市場の改革 ……………119
　　1．省庁間協力による低炭素化　　120
　　2．討議書に基づく合意形成　　121

第6章　市場拡大に伴う国際協調
―合意形成と政策実行―
123

第1節　EU電力自由化と政策協調 …………………125
　　1．自由化進展度のチェック体制　　125
　　2．協調体制下でのインフラ整備　　127
　　3．原子力の安全性確保と基金化　　127
第2節　ロシア・サミットとエネルギー問題 …………128
　　1．特別声明の概要　　129
　　2．メディアの反応　　130
　　3．自由化との関係　　130
第3節　スマートグリッド構築の行動計画 …………131
　　1．新たなロードマップ　　132
　　2．費用総額と負担主体　　132
　　3．需要家の意識改革も　　133

第4節　洋上スーパーグリッド構想の推進 …………………134
　　1．スーパーグリッド参加企業　135
　　2．コスト負担をめぐる課題　136
第5節　災害復興で設立された連帯基金 …………………137
　　1．インフラ被害への緊急対応　137
　　2．実際の助成金支出ケース　138
　　3．原発事故への対応可能性　139

第7章　インフラ企業の大型化
―ロシアを意識するEU―　　141

第1節　ガスプロム供給停止の余波 …………………143
　　1．セントリカの戦略変更　144
　　2．上流部門を狙うM&A　145
　　3．ガスプロムの英国進出　145
第2節　「西方拡大」を狙うガスプロム …………………146
　　1．英国市場への進出計画　147
　　2．小売り供給市場の掌握　147
　　3．加速化する市場拡大策　148
第3節　エネルギー大型合併の行方 …………………149
　　1．難航する二大案件　149
　　2．連鎖的現象へ発展　150
第4節　ポーランド電力民営化の遅滞 …………………151
　　1．国有企業の民営化計画　152
　　2．電力民営化と雇用問題　152

3．リスク分散に向けた方策　154
第5節　企業買収防衛策の妥当性 …………………………155
　　1．1株1票制の崩壊　155
　　2．欧州各国の実態評価　156
　　3．買収防衛策を容認か　158

第8章　投資ファンドの参画
―グローバル化する経営主体―　159

第1節　水道M&A操る投資ファンド …………………………161
　　1．民営化後の統合再編　161
　　2．ファンドによる支配　163
第2節　EDF英国配電3社譲渡の思惑 …………………………164
　　1．配電ビジネスの現状　164
　　2．何故、譲渡するのか　166
　　3．後継会社は現れるか　166
第3節　アジア企業初の配電会社買収 …………………………167
　　1．チョンコンの多角化　168
　　2．積極的インフラ投資　169
　　3．アジア企業のパワー　169
第4節　国境を越える空港ビジネス …………………………170
　　1．仏蘭の資本関係強化　170
　　2．協調路線に入る独露　171
　　3．インフラ整備の道筋　172

第5節　投資ファンドのインフラ経営 …………………173
　1．外資による大型買収　173
　2．逆境を活かす独創性　174
　3．差別化で顧客を誘引　174
第6節　公的インフラの持続可能性 …………………175
　1．公的サービスの充実　175
　2．公益事業のグローバル化　176
　3．所有形態の影響調査　177

第9章　アンバンドリングの弊害
―破綻した鉄道インフラ―　179

第1節　鉄道「上下分離」の帰結 …………………181
　1．「上中下分離」の適用　181
　2．補助金支出による運営　182
　3．事故件数と設備投資額　182
第2節　アンバンドリング後の鉄道再建 …………………185
　1．上昇傾向にある利用料金　185
　2．インフラ崩壊後の対応策　186
　3．日本の電力改革への示唆　187
第3節　鉄道インフラの破綻と復興 …………………188
　1．アンバンドリングの損失　188
　2．経営形態とガバナンス問題　190
第4節　鉄道アンバンドリングの反動 …………………191
　1．列車運行会社の撤退　191

2．寡占化に基づく安定　　192
　　　3．求められる政策転換　　194
　第5節　エネルギーの選択・発送電は一貫で　…………195

結　　語　………………………………………………199
あとがき　………………………………………………200
初出一覧　………………………………………………201
参考文献　………………………………………………203
索　　引　………………………………………………207

第1章

原子力発電の将来
~競争下で維持できるのか?~

Energy Watch

第1節　自由化の下で破綻した原子力

　電力自由化を推進する過程において，発電部門と小売り供給部門におけるコスト低下が追求され，料金競争が激化してきた。そのような状況下において，原子力発電が存続できるのかという点が注目されている。英国では，シェア20％を占める最大の発電会社，ブリティッシュ・エナジー（BE）が倒産の危機に直面することになった。

　英国の電力自由化は1990年から開始され，一時は競争下においても，BEの経営は順調に推移しているかにみえた。しかし，90年代に卸料金の下落が進んだために，出力調整の困難な原子力は火力との競争に負けてしまった。結果的に，政府の支援に頼らざるを得ない状況にまで追い込まれた。2002年9月5日に，BEは公的資金の投入を要請し，同9日，政府はそれに応じる見解を明らかにした。BEは原子力専門会社から普通の電力会社へと変貌しようとしたが，不利な条件が重なり，破綻してしまった。

1　拡張路線をとったブリティッシュ・エナジー

　1990年の民営化時に，原子力発電を専門とするニュークリア・エレクトリックとスコッティッシュ・ニュークリアは，火力発電とは分離され，国有を維持していた。その後，両社はブリティッシュ・エナジー（BE）に統合され，96年に株式売却を通して民営化された。廃炉費用の大きいマグノックス炉は切り離された後に，BNFL（英国原子燃料会社）に移

管されている。

　BEは99年にウェールズの配電会社スワレックから，電力・ガスの小売り供給部門を取得し，相対取引と取引所取引の併存を認めたNETA（新電力取引協定）に向けて，小売り重視の姿勢をみせたが，2000年8月に突然，それを手放してしまった。

　世界的に注目されたのは，BEが97年に米国のピコ・エナジー（ユニコムと合併後，エクセロンと改称）との合弁企業，アマージェンを設立したことである。同社はスリーマイル島1号機など，3基の原子力発電所を他社から購入してきたが，20基まで増やす計画を持っていた。全米103基の原子力設備のうち，エクセロンとアマージェンで17基を占めることになった。

　2000年に，BEはウラン燃料会社との協力でカナダに子会社ブルース・パワーを設立した。同社はオンタリオ・パワー・ジェネレーションから，8基（6.2GW）の原子力設備を2018年までリースしている。80年代に運開された4基はトロントの需要を満たすだけの十分な能力を持っているが，70年代に運開となった4基は休止中で，03年夏までに再稼働する計画であった。

2　卸料金低下で逆ザヤに

　このように北米を中心とする海外展開に力を注いできたBEであるが，国内で深刻な問題を抱えていた。第1に，廃炉・除染費用に関して，自己責任で負担しなければならない。第2に，2002年に入って，技術上のトラブルから計画外停止が連続して起きていた。第3に，NETAのもとで，卸料金の下落による影響を被ることになった。

政府系企業であるBNFLと英国原子力公社（UKAEA）の廃棄物を処理するために，02年7月に「負債管理局」（LMA）の創設計画が公表された。BEについては，その対象に含まれていないため，処理費用は内部で基金化する必要があった。計画外停止は同年5月にトーネス1号機，8月に同2号機でガス循環装置の故障のために起きている。BEの発電量は計画を下回り，修理費用は2,500万ポンドにのぼると予測された。

BEにとって卸料金が自由化以降，4年間に40％も低下したダメージは大きい。卸料金はメガワットアワーあたり16ポンドまで下落したが，これはBEの費用を下回っている。規制当局の発表によると，卸料金下落に対して，小売り料金の下落率は小さく，産業用・商業用で20～25％，家庭用で8％の低下である。発電事業者が小売り供給部門を垂直的に統合していれば，卸料金の低下による損失について，小売り部門でカバーすることができる。しかし，BEは小売り部門を手放していたために，そのようなヘッジ行動をとれず，倒産状況に至った。

3　自由化見直しは必至

NETAと全面自由化は競争による料金低下をもたらしたが，結果的にBEを破綻に追い込んでしまった。BEは廃棄物処理費用の引き下げ，気候変動賦課金の免除，法人税の軽減を求めているほか，アマージェンの株式を売却する準備も進めている。政府はさしあたり，4億1,000万ポンドの資金を提供すると発表したが，これは一時凌ぎであって，根本的な解決策にはならない。

短期の収益改善のために，マグノックス炉をBNFLからBEに戻すべきだという，過去に逆行する意見まで出された。自由化と矛盾するが，

負債をLMAに任せることのできるBNFLの傘下にBEを置くべきだという救済策も成り立つ。あるいは，火力や小売りなどの他部門との統合を含む抜本的な電力再編成案も視野に入れなければ，自由化と原子力の両立は難しいかもしれない。

　貿易産業省（DTI）のなかでも「ウルトラ原子力支持派」と呼ばれるウィルソン・エネルギー担当大臣は，NETAの見直しが必要である点を認めている。それに対して，ガス電力規制庁（OFGEM）長官のマッカーシーは，NETAが期待通りの成果をもたらしていることを主張する。民間企業であるBEが単純に，市場における淘汰メカニズムに委ねられなかった点から，政府がBEの特殊性を強く認識していることがわかる。今後，電力の安定供給確保と廃棄物の安全性維持の観点から，NETAがどのように改善されるのかが関心の的になる。

第2節　原子力と廃棄物処理の将来

　電力小売り供給市場の全面自由化を実現している英国においても，未解決の問題がいくつか残っている。最大の課題は，原子力発電に伴う廃棄物の処理策である。エネルギー政策の立案については，貿易産業省（DTI）が担当し，市場における競争環境の整備に関しては，独立的な規制機関であるガス電力規制庁（OFGEM）が進めてきた。2002年7月にDTIから，原子力廃棄物の管理に関する将来構想が白書として公表された。以下で，その背景と構想の内容を紹介する。

1　自由化後の原子力政策

　1990年の発送電分離が採用された時に，原子力発電は国有を維持して，例外扱いとされたが，96年に原子力発電専門のブリティッシュ・エナジー（BE）は，株式売却を通して民営化された。さらに，原子力発電を過渡的に保護する化石燃料賦課金が廃止された点や，大手発電会社の石炭火力設備がBEに譲渡された点から，政府は市場指向型の政策を追求できるという期待を抱いてきた。

　2002年2月に，政府の政策推進機関であるパフォーマンス・イノベーション・ユニット（PIU）は，地球環境と安定供給の観点から「エネルギー・レビュー」を発表した。そのなかで自由化以降，原子力発電の新設は世界的にみられない点が指摘された。しかし，温暖化防止を考慮すると，今後も原子力の重要性が高まると予測されている。

　原子力を原子力でリプレースする案も示されたが，基本的に投資は民間主導に委ねる点が確認された。政府は投資計画の円滑な認可を目的とした規制機関の人員拡充や，長期的視点に基づく廃棄物処理に関する方針の明確化などの方策を提案しているが，具体的な内容は含まれていない。同年5月に再度，エネルギー政策を総合的に検討する討議書が作成され，その後，関係者からの意見聴取が進められてきた。

2　廃棄物処理の費用負担

　原子力発電は発電量で約25%の市場シェアを持つが，その設備は図表1-1の通りである。AGR（新型ガス炉）とPWR（加圧水型炉）を所有するBEと，マグノックス炉を中心とするBNFL（英国原子燃料会社）が

図表1-1　BEとBNFLの設備リスト（2002年）

	発電所	運開*	稼働状態	炉型	炉数	設備容量(MW)
BE	Hinkley Point B	1976	稼動中	AGR	2	1,300
	Hunterson B	1976	稼動中	AGR	2	1,150
	Hartlepool	1983	稼動中	AGR	2	1,237
	Heysham I	1984	稼動中	AGR	2	1,148
	Dungeness B	1985	稼動中	AGR	2	1,104
	Heysham II	1988	稼動中	AGR	2	1,320
	Torness	1988	稼動中	AGR	2	1,250
	Sizewell B	1995	稼動中	PWR	1	1,220
BNFL	Calder Hall	1956	停止予定	Magnox	4	192
	Chapelcross	1959	停止予定	Magnox	4	196
	Bradwell	1961	停止	Magnox	2	240
	Berkeley	1962	停止	Magnox	2	276
	Hinkley Point A	1964	停止	Magnox	2	475
	Hunterson A	1964	停止	Magnox	2	320
	Trawsfynydd	1965	停止	Magnox	2	390
	Sizewell A	1965	稼動中	Magnox	2	430
	Dungeness A	1965	稼動中	Magnox	2	445
	Oldbury on Severn	1967	稼動中	Magnox	2	430
	Wylfa	1971	稼動中	Magnox	2	1,050

＊運転開始の西暦年を意味する。

存在する。BEは前述の通り，国有企業から民間企業に移行したが，その時に廃炉費用が巨額になると予想されたマグノックス炉は切り離されて，マグノックス・エレクトリックとなった。1998年3月に，同社は燃料製造と廃棄物処理を専門とする国有のBNFLと統合されている。

BEは民間企業として自ら廃炉の責任を負わなければならないが，その原資は化石燃料賦課金と自社内部の基金によって積み立てられてきた。それに対して，BNFLの廃炉費用と放射性物質の除染費用については，

第1章　原子力発電の将来　～競争下で維持できるのか？～　　9

図表1-2　　　　BNFLとUKAEAの原子力サイト

	サイト	業　務
BNFL	Sellafield	燃料再処理/廃棄物管理・貯蔵
	Capenhurst Works	廃棄物管理・貯蔵
	Springfield Works	燃料製造/廃止措置
	Drigg Disposal Site	低レベル廃棄物処分
UKAEA	Dounreay	廃炉・研究設備
	Windscale	廃炉・研究設備
	Harwell	廃炉・研究設備
	Winfrith	廃炉・研究設備
	Culham	核融合（JET計画）研究所

　公的部門で負担している。さらに，図表1-2の通り，BNFLとUKAEA（英国原子力公社）の管理下にあるサイトの廃炉済み設備も公的部門の負担に含まれる。

　過去の多くの設備は，現在とはまったく別の状況下で建設されてきた。また維持・管理のプライオリティについても，自由化が基本路線となっている今日とは当然，異なっていた。初期設備のなかには，1回限りの実験のために建設されたものもあり，廃棄物処理に関して十分な検討が加えられていたわけではない。

3　「負債管理局」の新設

　2002年3月段階で廃炉・除染に伴う債務は，BNFLで405億ポンド，UKAEAで74億ポンドと推計されている。この債務額は，当時の知識と技術を前提に算出されたものである。債務処理の期間は前者で2160年ま

で，後者で2110年までと考えられている。今後，廃棄物処理をめぐる課題が深刻化してくることを想定して，白書において「負債管理局」(LMA)の新設が提案された。

　LMAは省庁から独立した公的機関として位置付けられ，廃棄物施設の法的責務と財務上の責任を負う。この新組織はライセンスに基づく施設所有者と保安・監視を行う規制当局の間に立ち，廃炉・除染の計画を戦略的に推進する。政府が廃棄物処理の運営方法を改革しようとする意図は，以下のような点にある。①競争によって民間部門と公共部門の両方から，利用可能な技術と経験を活用する。②安全性を重視しながらも，費用効果的であることに注意を払う。③透明性を確保すると同時に，国民からの信頼感を構築する。

　NETA（新電力取引協定）以降でも，リプレースにより新鋭設備が導入されれば，原子力は価格競争力を持つと予測されている。しかし，廃棄物処理をめぐる具体策の欠如が，これまでマイナスの影響を与えてきた。LMA創設は改革の第一歩であり，事態の改善が期待されている。米国では2002年7月に，ユッカマウンテンにおける最終処分場の建設が決まった。英米両国が自由化路線のなかで，過去の原子力政策に対する措置を政府と議会の主導によって講じている点は参考になる。

第3節　公的資金による原子力の救済

　原子力発電を専門とする英国のブリティッシュ・エナジー（BE）は自由化以降，卸電力の料金低下によってコスト割れの状態に陥っている。

同社が小売り供給部門を持っていれば，卸料金の低下による損失を補填できたであろう。出力調整のきかない原子力は買いたたかれるために，破綻に直面した。

アニュアル・レビュー（2002-03）で公表された決算によると，赤字額は約43億ポンドに達した。そのうち，37億ポンドは発電設備の評価損である。政府の緊急融資により，当面の経営は維持されてきたが，本格的な再建策が求められている。

1　政府介入による維持

2002年9月に経営破綻が表面化した直後に，政府は一時的に4億1,000万ポンドの資金を提供するとの見解を示したが，結果的にそれは6億5,000万ポンドに膨らみ，期限も延期されることになった。その支援がEU規則に反していないか，欧州委員会による調査が開始された。同委員会は，英国政府の手続きに問題がある点を指摘したものの，BEに対する資金提供の方法に条件をつけることにより，この案件を認める結論を出した。

廃棄物処理・廃炉費用については，次のような方策が提案されている。1つは，処理事業者であるBNFLに対する年間支払い額を，大幅に減額する措置である。もう1つは，21億ポンドと想定される8基の廃炉費用を，新設される「原子力負債基金」（NLF）によって負担する手法である。ただし，BE社は将来所得の65％をその基金に収めなければならない。

2 ブリティッシュ・エナジーの戦略と人事刷新

　BEの株価は2000年初頭に，200ペンスを超えるレベルで推移していたが，02年の危機以降は急落現象を示し，その後は4～5ペンスとなっている。BEは経営安定化のために，ガス・電力の小売り供給に力を注いでいるセントリカと4年にわたる相対契約を結んだ。03年4月から38TWhを販売するが，その50％以上は固定価格で取引される。自ら小売り供給部門を持たないBEは，この契約によって市場価格から受けるリスクを小さくすることができる。

　経営再建に向けてトップ層が交代したが，次の2人がキーパーソンである。02年11月に，会長に抜擢されたエイドリアン・モンタギュー（55歳）と，03年3月に，社長となったマイク・アレクサンダー（55歳）である。モンタギューは，金融機関勤務や大蔵省委員などの経験を持ち，鉄道インフラの新会社（ネットワーク・レール）の副会長としても活躍している。アレクサンダーは，セントリカの取締役からの転身であり，石油会社BPでマーケティング業務を担当していた経歴も持つ。

　アニュアル・レビューの序文において，①会長自らが政府省庁と緊密な関係を保持している点，②会長職と社長職を分離することによってガバナンスが改善できる点，③モンタギューとアレクサンダーの才能が相互補完的な関係にある点が強調されている。そこからは，困難に直面するBEの立て直しに対する並々ならぬ意気込みが感じられる。

3 窮地に立つ公益事業

　政府の資金提供による支援は，実質的にはBEの再国有化にあたると

判断されることもある。同社が発電部門と小売り供給部門を垂直的に統合していれば、公的資金を投入しなくても良かったかもしれない。BEに関するニュース報道では、「土壇場の対応」（イレブンス・アワー・ディール）、あるいは「瀬戸際の政策」（ブリンクマンシップ）という表現が用いられている。構造分離や競争促進が金科玉条として推進されてきたが、原子力を含む電力改革については万能薬ではないことが明らかになってきた。

　鉄道改革では「上下分離」が採用された後に、インフラ会社であるレールトラックの経営が破綻したために、非営利組織であるネットワーク・レールがその業務を継承している。民営化された水道10社のうち、ウェールズの1社が同様に非営利会社に転換した例もみられる。モンタギューが会長に就任した点から、BEもそのような企業形態に移行する可能性が高まった。英国は競争のもとで瀕死状態にある公益事業を、非営利組織によって存続させる方針を選択肢の1つに含めたものと理解できる。

第4節　エネルギー法制定と原子力

　2003年秋から議論されてきたエネルギー法案が、04年7月22日に「エネルギー法」（Energy Act 2004）として正式に承認された。この法律には、電力取引市場の広域化制度（BETTA）や再生可能エネルギーの沖合い展開などの新制度も含まれるが、最大の意義は原子力廃止措置（デコミッショニング）に関する新たな方針を確定した点にある。以下では、近

年の原子力政策に焦点を絞って紹介する。

1　「廃止措置局」を創設

　民生用原子力の廃炉と除染については，2002年7月に公表された政府白書で「負債管理局」（LMA）の設立構想が提案された。その後，昨年末に発表されたエネルギー法案で，LMAから「原子力廃止措置局」（NDA）に改称された新組織の設置が決まった。貿易産業省内では05年4月の業務開始に向けて，事前準備が着実に進められてきた。

　NDAは政府系企業である英国原子燃料会社（BNFL）と英国原子力公社（UKAEA）の保有設備（前掲図表1-1，1-2）を対象として，原子力債務の管理を戦略的に推進することを目的としている。NDA自らが廃止措置を行うわけではなく，それら2社との間で管理契約が締結され，競争原理に基づき管理者が選定される。実質的には，両社の債務負担が軽減されることになる。

　初代局長として，IBM・UKやUKAEAで社長を務めたアンソニー・クリーバー氏（66歳）が任命され，約200名の従業員が募集されることになった。本部はウェスト・カンブリアに置かれる計画であり，その他に3つの支部が設けられる。年間予算は20億ポンドと想定され，そのうち10億ポンドは貿易産業省から支出されるが，組織自体は同省から独立した存在である。

2　ブリティッシュ・エナジー救済の法的措置

　1996年に民営化されたブリティッシュ・エナジー（BE）が保有する

原子力設備（前掲図表1-1）は，NDAの対象に含まれていない。それらは，独自に基金化された組織（Nuclear Generation Decommission Fund Limited）によって対処されるからである。しかし，BEは2002年9月に事実上，破綻状態に陥ったために，廃止措置業務を履行できない。したがって，同社に代わって政府が最終責任を負うことになる。

エネルギー法はNDAの規定とは別に，第79条でBEの取得に公的資金を支出することを定めている。これは国有化の容認と解釈できるが，法律で特定の民間企業名が挙げられるケースは珍しい。このようにエネルギー法は，一方でBETTAのような自由化拡大措置を明示しながら，他方で自由化によって窮地に立たされた原子力発電会社を救済する条項も盛り込んでいる。

③ 政府主導の解決策

現行の知識と技術を踏まえて，BNFLとUKAEAの廃炉・除染に伴う債務は，総額で480億ポンドと推計されている。今後，個々のサイトや設備ごとに「ライフサイクル・ベースライン」が明確にされ，作業工程に要する期間を考慮して，優先順位がつけられる。NDAの下で，競争原理に基づいて契約モデルが開発され，透明度の確保されたプロセスにおいて，実際の廃炉と廃棄物処理がコスト削減を意識しながら実行に移される。

制定されたエネルギー法をどのように評価するか，意見の分かれるところであろう。自由化潮流のなかで，「税金支出を通したNDA設立やBE再建は，国民負担の増大に他ならない」と批判されるかもしれない。それに対して，「政府主導で，原子力問題を解決する姿勢が明確に示さ

れた」と賞賛する声も高まるに違いない。政府の政策担当者は，「何もしないことは選択肢にならない」という点を強く認識している。

　英国は，これまで天然ガスが入手できる環境に置かれていただけではなく，パイプラインが他国とつながり，発電所設立に関して立地制約が大きくなかったので，原子力が窮地に追い込まれたという解釈も成り立つ。安定供給と安全管理を前提とすると，電力改革において競争原理だけではなく，公的関与も不可欠であることを，英国の制度設計は証明しているのではないだろうか。

第5節　原子力を支える廃止措置局

　英国政府は炭素排出量削減の観点から，原子力発電を将来も推進する方針を2008年1月，白書（Meeting the Energy Challenge）として公表した。その序文において，当時のブラウン首相はエネルギー・ミックスの達成には新規の原子力発電所が不可欠であるとの認識を示した。政府が原子力推進を公式見解として明言できる背景には，原子力廃止措置局（NDA）の基本的な枠組みが明確にされたことがある。以下で，英国原子力政策について紹介する。

1　原子力容認の政府方針

　前ブレア政権が気候変動への対応や安定供給の確保を考慮してきたことを受けて，ブラウン政権は以下の4点をエネルギー政策の目標として

掲げた。①CO_2を2050年までに60％削減する，②エネルギー供給の信頼性を維持する，③経済成長率を上げるために競争的な市場を整備する，④全家庭が十分に暖房をとれるようにする。

　目標達成のために原子力の新規建設が必要となるが，政府は2013年までに新規プラントを建設し，18年には稼働する原案を提示した。原子力を容認する根拠として，①炭素排出量が少ない，②低コストを実現できる，③安定供給に寄与する，④効果的な規制により安全を確保できる，⑤エネルギー多様化を可能にするという点があげられる。資金調達と発電所建設を行うのは民間企業であるが，政府はその道筋をつける立場にある。

2　NDAの現状と将来

　除染・廃炉を中心とする廃止措置業務は，2004年エネルギー法に基づき設立されたNDA（原子力廃止措置局）によって運営されている。NDAは競争を通して合理的な企業と契約し，その子会社が認可を受けて個別サイトの廃止措置を行う。その対象は図表1-3の19サイトで，完了年は半数以上が2100年を越える。NDAの契約先と廃止措置に携わる事業者は区別され，両者は親会社と子会社の関係に立つ。

　財源はビジネス・企業・規制改革省（DBERR）から交付される14億2,000万ポンドと，マグノックス炉および燃料部門からの商業収入13億7,000万ポンドである。しかし，稼働中マグノックス炉2基のうち1基（オールドベリー）が12年2月に停止したことに加え，燃料施設の本格稼働は20年以降になる。先行きの収入が不安定であるため，政府は次年度への黒字の繰越しを認めるなどの弾力的な方針を打ち出している。NDA

図表1-3　NDAの契約先と廃止業務を行う認可事業者

サイト	完了年	NDAの契約相手（親会社）	認可事業者（子会社）
Berkeley	2083	Reactor Sites Management Company Ltd （Energy Solutions）	Magnox Electric Ltd
Bradwell	2104		
Chapelcross	2128		
Dungeness A	2111		
Hinkley Point A	2104		
Hunterson A	2090		
Oldbury #	2118		
Sizewell A	2110		
Trawsfynydd	2098		
Wylfa #	2125		
Calder Hall	2115	British Nuclear Group Ltd （BNFL）	Sellafield Ltd
Capenhurst ☆	2120		
Sellafield ☆#	2120		
Low Level Waste Repository △	2059		
Springfields ☆#	2031	Westinghouse Electric Company （Toshiba Group）	Springfields Fuel Ltd
Dounreay ◎	2032	United Kingdom Atomic Energy Authority	United Kingdom Atomic Energy Authority
Harwell ◎	2025		
Windscale ◎	2045		
Winfrith ◎	2017		

注：☆印は燃料施設，△印は低レベル放射性廃棄物貯蔵所，◎印は研究施設，それ以外はマグノックス炉。＃印は稼働中，それ以外は既に停止済み。NAO資料に基づき作成。

のノウハウが将来の新規プラントにも有用である点を考えると，早い段階で支援する意義は大きい。

3 情報公開と第三者評価

　NDAは年次報告書において，業務概要を公開するとともに，サイトの進捗状況についても「実行済み，進行中，遅れ気味」という基準から評価している。さらに，公的組織の効率性をチェックする会計監査局（NAO）もNDAの調査を進めてきた。08年1月に発表された報告書（Taking forward decommissioning）には，サイト別の目標達成度に関する情報も含まれる。

　完了年の最長ケースは120年先である。このような超長期計画を着実に遂行するためには，第三者機関のモニタリングが不可欠となる。NAOは財務面を重視しているが，併せて持続的なエネルギー政策も考慮に入れて勧告案を示している点に特徴がある。政府のリーダーシップのもとで体系的に原子力政策を立案し，ステップを踏んで運用している英国から見習うべきことは多い。

第6節　設備老朽化と新規電源の開発

　2007年6月末にブレア政権に代わって，ブラウン政権が成立した。それに伴い，エネルギー分野を管轄する貿易産業省（DTI）はビジネス・企業・規制改革省（DBERR）に改組された。同省は10月に，「エネルギー市場の見通し」を公表した。そのなかで電力，ガス，石油，石炭などの個別分野が「供給セキュリティ」の観点から分析されている。電力に関しては，電源不足問題に焦点があてられているが，その内容を以下で

紹介する。

1　既存設備の閉鎖計画

　EUレベルでは「大規模燃焼施設からの汚染物質の排出規制指令」（Large Combustion Plant Directive: 2001/80/EC）に基づき，大型火力発電所，石油精製所，製鋼所などは二酸化硫黄と二酸化窒素の年間排出量を抑制しなければならない。設備を稼働させる限りは，排出量の抑制を求められるが，1987年以前に稼働した大型火力については，別の要件として2008年1月から15年末までの間に閉鎖する選択肢も可能となった。具体的な発電プラントの閉鎖計画は，図表1-4の通りである。閉鎖される12GWは，現行設備能力の約15％に相当する。

　さらに，図表1-5に示されるように，原子力発電は運転寿命により，08

図表1-4　　　　発電プラントの閉鎖計画

発電所	所有者	設備容量(GW)
Tilbury（coal）	RWE npower	1.1
Cockenzie（coal）	ScottishPower	1.2
Didcot（coal）	RWE npower	2.1
Ferrybridge（stack 2）（coal）	SSE	1.0
Ironbridge（coal）	E.ON	1.0
Kingsnorth（coal/oil）	E.ON	2.0
Littlebrook（oil）	RWE npower	1.2
Fawley（oil）	RWE npower	1.0
Grain（oil）	E.ON	1.4
合　計		12.0

図表1-5		原子力発電の閉鎖計画	
発電所	閉鎖年	炉型	設備容量（GW）
Oldbury	2008	Magnox	0.47
Wylfa	2010	Magnox	0.98
Hinkley Point B	2011	AGR	1.26
Hunterston B	2011	AGR	1.21
Hartlepool	2014	AGR	1.21
Heysham 1	2014	AGR	1.20
Dungeness B	2018	AGR	1.08
Heysham 2	2023	AGR	1.20
Torness	2023	AGR	1.20
Sizewell B	2035	PWR	1.19
合　　計			11.00

（注）現実には，OldburyとWylfaの閉鎖は，ともに2012年に変更された。また，Hinkley Point BとHunterston Bは2016年まで延長される予定である。

年から35年にかけて10基が閉鎖される。その総量は11GWにも達する。旧型マグノックス炉については，大幅な寿命の延長は期待できないが，結果的に，オールドベリーとウィルファは12年まで運転が継続されることになった。その他のガス炉については延長か否かの判断は運転主体であるブリティッシュ・エナジー（BE）に委ねられたが，ヒンクレー・ポイントBとハンターストンBは16年まで延長するという結論が出された。

2　CCGT等の新規投資

閉鎖設備に対してCCGT（combined-cycle gas turbine）を中心に新規に建設される予定の設備は，13件14GWがリストアップされている。その

うち4.5GWが既に建設中であるが，CCGTは比較的リードタイムが短いので，2010年までにそれらは稼働できるものと考えられた。主要な事業者，立地点，設備能力は以下の通りである。セントリカ (Langage)：890MW，スコッティッシュ・サザン・エナジー (Marchwood)：840MW，E.ON (Grain)：1,275MW，RWEエヌパワー (Staythorpe)：1,650MW，同 (Pembroke)：2,000MW。

中長期的観点からのセキュリティ向上のためには，中規模燃料電池，新型原子炉，電力貯蔵，マイクロ発電などの技術革新が不可欠とされる。それ以外に，国際連系線の重要性が認識されている点も興味深い。たとえ投資コストが高くなるとしても，多様な電源にアクセスし，大きなボリュームを使用できる点と，ピーク時間が欧州内で異なる点を考慮すると価値があると判断されている。

3 エコ電源の実現可能性

CO_2排出量削減という点からは，化石燃料賦課金と再生可能エネルギー買取り義務の制度を通して，風力や埋立地ガスなどのエコ電源の普及に力が注がれてきた。利用者保護機関であるエナジーウォッチは，小売り事業者の販売する電力の電源構成比率のデータを公開している。実際には，再生可能エネルギーの送電線と配電線へのアクセスが増加しているために，投資をめぐる問題が避けられない状況にある。電源不足の解決と2020年に20％という目標達成のために，政府と事業者は料金による回収方法について協議を重ねている。「エネルギー市場の見通し」は利用者の問題意識を喚起し，エネルギー政策についての合意を形成する上で意義があると思われる。

第7節　原発停止後の電源確保

　英国では，2012年3月に原子力発電所の運営に関して，今後の政策運営に影響を与える大きなニュースが流れた。1つは，ドイツ企業が英国の原発新設計画から撤退するというもの，もう1つは，ガーディアン紙による報道だが，既存の海岸沿いの原発がリスクに晒されているというものである。以下で，この2点の内容と関連性を明らかにする。

1　他国企業依存の原発推進

　2012年2月末に，イングランド南東部のオールドベリー原子力発電所1号機が，11年6月の2号機に続き停止し，廃炉されることになった。最も古い同発電所は1967年に運開し，2基で137.5TWhを発電してきた。商業用マグノックス炉は11地点に建設されたが，最後まで稼働しているのは，北ウェールズに立地しているウィルファ発電所だけとなった。

　政府は稼働中の原子力の停止後も，さらに原発の新設を容認する方針を示してきた。11年7月に気候変動省（DECC）から出された「原発に関する国家政策報告書」において，8つの立地点（図表1-6，＊印）があげられた。新規建設を進める主体として，ホライゾン（E.ON UKとRWE npowerの共有），EDF，NuGen（GDFスエズとイベルドローラの共有）の3社が現れた。これらは，ドイツ企業，フランス企業，スペイン企業である点から，英国が他国企業依存の下で，原子力発電を維持する方針をとっていることがわかる。

2 原発の水害リスク調査

　ホライゾンは25年までに150億ポンドを投入し，6GWを増設する計画だった。しかし3月末に，E.ONとRWEはこの事業から撤退すると発表した。その理由として欧州の経済環境が悪化している点と，ドイツ政府が日本の福島第一原発事故以降，減原発を表明している点があげられた。実際には，両社が自国で赤字を抱える状況に直面している。さらに，英国政府が原発の水害について非公式調査を行い，発電所別のリスクを判断したというガーディアン紙による報道が影響を与えた。

　同紙が氾濫リスク，浸食リスクを3段階で評価した結果を整理すると，図表1-6のようになる。オリジナルの調査は環境食料地域省（DEFRA）が実施したもので，ガーディアン紙がその内容を独自でまとめ，公開した。したがって，「氾濫リスク」や「浸食リスク」の定義や，3段階レベルの差異などに関する情報は何も明らかにされていない。

3 減原発と今後の方向性

　ドイツ企業はすべての資金を引きあげるのではなく，大規模な投資よりも短期的に利用者と自社に利益をもたらす計画を優先するとの見解を示している。業務を引き継ぐのは，新規計画を進めているEDFとNuGenになる可能性が高い。しかし，両社が不確実性の残る中で承諾するとは考えにくいだけでなく，同様に撤退する道を探るかもしれない。特に，自国における原発政策の行方は，フランス大統領選挙の結果によって左右されるのは当然である。

　近年，英国における原子力の比率は一貫して下がり続けている。2011

年の設備容量シェアは，石炭とCCGTが各々34％，30％であるのに対して，原子力はわずか12％である。将来の原発を他国企業に依存して展開する予定であったが，先行きが不透明になってしまった。当初計画の16GWの新設を実現するには，今後，水害対策も含め，政府による資金面での対応策が不可欠であろう。

　十分な支援ができない場合には，英国の電源不足は回避できないために，電力を他国から購入することになるであろう。欧州では，国際連系線が構築されているので，広域的な安定供給は実現できるように制度が整備されている。残された課題は，フランスの原子力発電が縮小するならば，数量確保が困難になり，欧州全体で料金の上昇が起こり得るというリスクである。

図表1-6　英国原子力発電所の水害リスク

発電所 (＊は新設計画候補地)	2010年 氾濫リスク	2080年 氾濫リスク	浸食リスク
Hinkley Point B＊	低い	高い	高い
Hunterston B	なし	なし	低い
Dungeness B	高い	高い	高い
Hartlepool＊	高い	高い	中位
Heysham 1・2＊	低い	低い	低い
Sizewell B＊	高い	高い	高い
Bradwell＊	低い	高い	なし
Oldbury＊	中位	高い	高い
Wylfa＊	なし	なし	低い
Sellafield＊	中位	中位	中位

（資料）ガーディアン公表資料に基づき作成。

第 2 章

電力取引の活性化
～公平な送電線利用が不可欠～

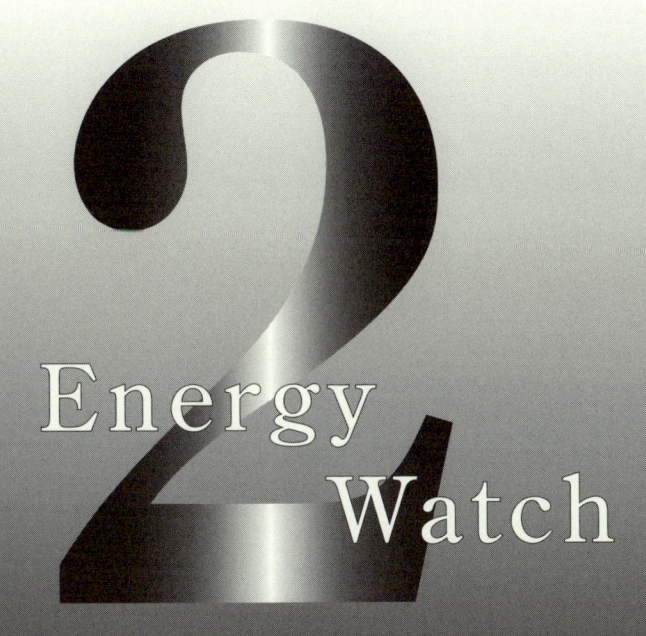

Energy Watch

第2章 電力取引の活性化 ～公平な送電線利用が不可欠～　29

第1節　広域電力取引市場の形成

　わが国では、小売り自由化を拡大する電気事業法改正案が、2003年3月7日の閣議で決定された。それを受けて、卸電力取引所と電力系統利用に関する中立機関が新設され、全国レベルで広域流通を活性化させることになった。英国でも、広域市場の形成に向けて法案の作成が進められてきた。01年3月末に開始されたNETA（新電力取引協定）がイングランド・ウェールズを対象にしていたが、さらに、それをスコットランドまで拡張するBETTA（電力取引市場の広域化制度）計画が発表された。

1　市場統合計画の背景

　NETA導入によって英国の電力自由化が完了したかのように受けとめられがちであるが、実際にはスコットランドでは異なった改革が進められているので、全国の取引システムを調和させる必要がある。イングランド・ウェールズ市場とスコットランド市場を統合し、グレート・ブリテンで単一の競争的市場を創設するのがBETTAの目的である。したがって、系統運用者の一本化の他、送電線利用ルール、使用料算定方法、バランシング・決済などに関する共通化が不可欠となる。
　スコティッシュ・パワー（SP）とスコティッシュ・サザン・エナジー（SSE）の2社は垂直統合企業である。原子力はスコットランドで26％のシェアを持つが、協定に基づきSPとSSEによって購入されてい

る。2002年第2四半期の小売り市場における需要家スイッチング率は31％で，全国平均の34％と比較しても大きな隔たりはない。しかし，家庭用料金はイングランド・ウェールズより約10％も高いので，BETTAによってその低下が期待されていた。

2　想定される便益と費用

BETTAから次のような便益がもたらされると考えられる。①発電部門と小売り供給部門を系統運用業務から分離できる。②すべての発電事業者と小売り供給事業者が，市場ベースで決まる同一のバランシング料金を利用できる。③小売り供給事業者が安価な電源を探すことが可能となる。④スコットランドにおいてビジネスを行う取引費用が低減できる。

それとは逆に，費用としては以下の点が指摘されている。①全国規模での系統運用，バランシング市場，決済を支援する中央システムの開発が必要となる。②全国単一となる系統運用者（システム・オペレーター：SO）と複数の送電線所有者（トランスミッション・オーナーズ：TO）間の調整が不可欠となる。③BETTA移行に伴う市場参加者の準備費用がかかる。④規制当局が負う費用も要する。

貿易産業省（DTI）が公表した報告書（BETTA Regulatory Impact Assessment）のなかで，その試算が行われている。年6％の割引率で20年間継続すると，便益は1億5,260万ポンド，費用は6,860万ポンドとなり，8,400万ポンドの利益が出ると結論付けられた。10年間で計算したとしても，便益は9,790万ポンド，費用は6,040万ポンドとなり，3,750万ポンドの利益が出ると見込まれる。

③ 新制度がもたらす変化

　まず，スコットランドに多数存在する小型水力，風力，コジェネなどの小規模電源が影響を受ける。BETTAが機能すれば，すべての電源は公平な条件で送電線を利用できるので，小規模電源も有利になると考えられる。しかし，NETAのもとで発電部門と小売り部門の統合と寡占化が進んだ点をみると，現実に小規模電源が独立的に存続し得る可能性は低いかもしれない。

　次に，送電部門における設備投資の条件が変容する。NETAの下ではナショナル・グリッド・カンパニー（NGC）が系統運用者であり，かつ設備所有者でもある。BETTA移行後は，ナショナル・グリッド・エレクトリシティ・トランスミッション（NGET）がGBシステム・オペレータとして，系統運用の責任を持つ。同社はイングランド・ウェールズでは，送電線保有者でもあるので，資産所有者であり，系統運用者でもある。

　それに対して，スコットランドではスコッティッシュ・ハイドロ・エレクトリック・トランスミッション（SHETL）とスコッティッシュパワー・トランスミッション（SPTL）が送電線の所有者であり，NGETが独立系統運用者（ISO）となる。北アイルランドを除いた英国では，系統運用者1社と設備所有者3社が関与する。したがって，事前に責任分担を明確にしておかなければ，円滑な設備投資が実現できなくなる。実際には「SO・TOコード」が策定され，そのなかで規定されるであろう。

　政府はBETTAの実施を2004年4月に設定していたが，結果的に同年10月に延期した。1989年の電力法制定から15年が過ぎて，ようやく全国

市場の構築に乗り出した点から、自由化先進国でもいかに多岐にわたる課題をかかえ、解決策を見出すのに時間を費やしているかがわかる。自由化の程度は異なるものの、送電線利用のルール策定や広域流通の活性化など、わが国と共通する論点も多く含まれているので、今後もBETTAの動向に注目する必要がある。

第2節　北アイルランドの自由化

　北アイルランドは英国のなかで最も自由化の遅れた地域であるが、着実に制度設計を推進している。図表2-1から明らかなように、自由化以降、家庭用料金は低下傾向をたどったものの、どの支払い方法でみても、他地域より常に高いレベルであった。わが国と同様に、料金引き下げの必要性から自由化は支持されてきたが、必ずしも成功したわけではない。以下で、北アイルランド市場の実態と解決すべき課題を紹介する。

1　民営化以降の競争状態

　自由化導入前は、1973年に再編された国有企業（NIES）が北アイルランド全体で発電から小売り供給までの責任を負っていた。92年の民営化を契機に、4つの発電所が独立組織として分離された。民間企業となった新会社（NIE）の業務は、①発電所との契約に基づく電力調達、②送配電ネットワークの運営、③最終需要家への電力供給である。

　その後、98年にNIEは規制部門と非規制部門を分けるために、持株会

第２章　電力取引の活性化　～公平な送電線利用が不可欠～　33

図表2-1　英国地域別家庭用・年平均電気料金

(単位：ポンド)

年	現金・小切手			銀行口座引き落とし				プリペイメント			
	イングランド・ウェールズ	スコットランド	北アイルランド	イングランド・ウェールズ	スコットランド	北アイルランド	イングランド・ウェールズ	スコットランド	北アイルランド		
1992	310	285	323	−	−	−	333	312	346		
1993	300	279	325	−	−	−	322	300	351		
1994	295	289	333	292	285	333	316	305	360		
1995	299	293	346	294	290	346	319	309	373		
1996	286	287	350	280	282	350	305	303	376		
1997	266	266	331	259	261	331	283	278	353		
1998	243	251	298	234	247	289	259	263	316		
1999	233	244	291	224	236	283	249	254	308		
2000	222	236	271	213	227	263	239	246	275		
2001	210	228	271	202	218	262	225	236	281		
2002	200	219	267	192	210	258	214	227	263		
変化率(%)	△35.5	△23.2	△17.3	△34.2	△26.3	△22.5	△35.7	△27.2	△24.0		

(注)　年間消費量を3,300kWhとして計算。物価変動考慮後の修正値。
(資料)　Department of Trade and Industry, *Quarterly Energy Prices*, March 2003.

社形態を採用し，親会社ビリディアンが誕生した。傘下にはCCGT，インフラ建設，小売り供給，ITなどを専門とする子会社も含まれる。NIEが最大規模となっているが，同社の従業者数はわずか1,260人，需要家数は688,000件にすぎない。

　民営化と同時に競争も導入され，発電については，既存発電所からの長期契約に基づくフランチャイズ市場と，独立系発電事業者や連系線を中心とする競争市場に区分された。小売り供給に関しては，14社がライセンスを取得したが，現実には2社しか経営していない。結果的に，競争はまったく機能しなかったが，その理由はNIEの電力調達ビジネス（PPB）部門が買手独占となっているためである。

2　制度設計の進展と模索

　系統運用業務は，2000年にNIEから切り離された完全子会社（SONI）によって運営されている。SONIはグリッド・システムの安定性確保と経済的運用に努めるばかりでなく，電力市場の発展を支援し，近隣の事業者との協調を図る必要がある。具体的な任務として，①コントロール・ルームの運営，②系統の技術的運用と計画，③発電設備の計画と調整，④ディスパッチ後の決済，⑤ITサービスや安全管理などがあげられる。自由化が遅れているとは言え，送電部門を既存企業から独立させている点は注目に値する。さらに，完全分離の検討も開始されることになっている。

　民営化に伴う自由化が実効性をあげなかった点を改善するために，2002年8月から03年4月にかけて，競争的市場や連系線取引などをテーマとした複数の討議書が規制当局から発表されている。エネルギー政策

を策定する北アイルランド企業・貿易・投資庁（DETI）は「新たなエネルギー戦略に向けて」と題する最新の討議書において，エネルギー・コストの低下を利用者に還元する方法を探っている。

3　2つの連系線への期待

　北アイルランド市場の特徴は，南側のアイルランド共和国との連系線（North-South）だけではなく，スコットランドとの連系線（Moyle・海底直流ケーブル）でもつながっている点にある。利用可能な容量はそれぞれ1,500MWと500MWで，運用され始めたのは前者が1995年，後者が2002年である。これらの連系線を全面自由化に向けて活用すれば，利用者料金が低下すると期待されている。

　1992年から2002年までの10年間に，電力需要は年平均2％で伸びてきた。その後の中期的な予測によると，既存の発電設備でピーク需要に対応できると考えられるが，20％の予備率を視野に入れた安定供給の観点からは，連系線の有効活用が不可欠となる。今後，設備利用の公平性を確保する上で，オークションのルールを定着させなければならない。

　イングランド・ウェールズとスコットランドが広域市場を形成し，電力取引を円滑にするBETTA計画を進めている。将来は北アイルランドもBETTAとの調和を求められるが，地形的にはアイルランド共和国との国際連系線の方が重要である。アイルランド全体で統合市場を形成し，全島レベルの系統運用者（AISO）を設立する構想もみられる。英国とアイルランド共和国の橋渡し役をする北アイルランドの政策運営が，利用者便益の向上につながるのかを今後も検証する必要があるだろう。

第3節 自由化と事業規則の整備

　英国のエネルギー市場では，自由化の進展に伴ってプレーヤーの数が着実に増えている。複数事業者の下で，送電網や導管網を効率的に運用するだけでなく，事業者間の契約や紛争を処理する上でも，事業規則が重要な役割を果たしている。電力とガスの取引形態は異なっているので，それぞれの市場で，個別の規則が存在する。わが国では2005年に，卸電力取引市場と電力系統運用に関する中立機関が設立され，新たなルールを策定しているが，英国の経験を参考にすることができる。

1　細分化された電力事業規則

　高圧の送電網はナショナル・グリッド・トランスコ（NGT）の子会社であるナショナル・グリッド・カンパニー（NGC）によって，所有・運営されている。NGCの送電網利用については，主に系統接続・利用コードとグリッド・コードによって規定される。低圧の配電網については，複数の配電事業者の管理下にあり，配電コードが別に定められている。

　系統接続・利用コードは，料金などの経済的な要因を含む一般規定であり，NGCと系統利用者（発電，配電，小売り供給事業者）の間の権利・義務関係の基礎となっている。そこで明らかにされた原則は，当事者間で個別に結ばれる系統接続・利用協定のなかに反映される。グリッド・コードは技術的な側面に限定した規定であり，NGCと系統利用者（発電，

配電事業者）に詳細な定義を示している。全体は，計画コード，接続条件，運用コード，バランシング・コード，データ登録コードから構成される。

さらに，NETA（新電力取引協定）にとっては不可欠なバランシング清算コードが存在する。清算業務はNGTの子会社であるエレクソンにより運営されているが，中立性を確保するためにその組織の独立性は保持されている。2004年中にイングランド・ウェールズ市場とスコットランド市場を統合するBETTA計画の下で，系統運用者と送電設備所有者との間の調整を図る規則（SO-TOコード）が検討されてきた。

2 ガス導管網再編と規則変更

ガス導管網はNGTの子会社であるトランスコによって，所有・運営されている。「ネットワーク・コード」と呼ばれる規定が，導管網の利用規則に相当する。これはトランスコとシッパー（ガスを生産者から購入し，小売り供給事業者に販売する事業者）の間の取引関係を法的に明らかにしたルール・ブックである。

複数のコードを持つ電力とは異なり，ガスの場合にはネットワーク・コードだけで導管網の接続，利用，バランシングなどが網羅されている。これはトランスコの業務に，全国の幹線網と地域別の配給網が含まれることと関係がある。電力では，送電と配電はライセンスで区分され，まったく異なる事業者によって運営されているが，ガスの幹線網と地域網は同一事業者により維持されてきた。

2003年7月に，ガス電力規制庁（OFGEM）はトランスコのガス幹線網から，一部の地域配給網を分離する案を討議書として公表した。この

背景には，次のような事情があると考えられる。①NGTが電力とガスのインフラを経営する大型企業であるので，支配力を低下させる必要がある。②ガス市場と電力市場を可能な限り類似した市場構造に移行させ，共通の手法で規制することを政府が狙っている。関係者の意見に基づき具体的な分離方法が検討されるが，同時に現行ネットワーク・コードの修正と新規則の制定が論点となる。

3 現実的な改定の必要性

　電力・ガスを所管する貿易産業省（DTI）は，規則改定プロセスの透明性を高める点が今後の課題であると指摘している。市場の働きを十分に機能させるためには，事業規則が実態に即しているのかを常にチェックし，必要に応じて改定を重ねていかなければならない。そのプロセスにおいて，情報公開が徹底されることと，結果的にプレーヤーに対する公平性が満たされることが要求される。

　民間企業の私的な契約を補完する種々の事業規則は，法的には事業法よりも下位に位置付けられるが，日常的な業務遂行には欠かせないものである。これらの規則は，ビジネス開始後の技術的な接続や財務的な支払いについての詳細を規定する点で，新規参入者が実際に参入するか否かを決定する事前の判断材料になることにも細心の注意を払う必要があるだろう。

第4節 スコットランド・ISO設立

　欧州委員会が2007年9月に公表した自由化の第3次指令案のなかで，所有権上のアンバンドリングの次善策として，独立系統運用者（ISO）方式が盛り込まれた点が注目されている。イングランド・ウェールズは民営化時に，発電会社と送電会社を別会社化したことから，公平な条件で送電線を利用できる点で，世界的に自由化推進国とみなされてきた。その後，電力取引の広域化に伴い，スコットランドでISOが採用されることになった。欧州では珍しいISOの概要と，送電投資の問題点を以下で整理する。

1　所有者と運用者の区分

　1990年の電力改革では，スコットランドはイングランド・ウェールズとは異なる方針で進められた。発電から小売り供給まで垂直統合されていたスコッティッシュ・ハイドロ・エレクトリック（現，スコッティッシュ・サザン・エナジー）とスコッティッシュ・パワーは分割されることなく，それぞれが民営化された。法的に部門別にライセンスが区分されているので，現在，両社の送電部門の設備については，スコッティッシュ・ハイドロ・エレクトリック・トランスミッション・リミッティッド（SHETL）とスコッティッシュパワー・トランスミッション・リミッティッド（SPTL）が保有している。

　2005年4月の電力取引市場の広域化制度（BETTA）に基づき，ナシ

ョナル・グリッド・エレクトリシティ・トランスミッション（NGET）がGBシステム・オペレータとして，イングランド・ウェールズのみならずスコットランドを含むブリテン島全域について，系統運用の責任を持つようになった。同社はイングランド・ウェールズの送電線保有者でもあるので，資産所有者と系統運用者は一致している。それに対して，スコットランドではSHETLとSPTLが送電線の所有者であり，NGETがISOとなる状況に移行した。このように広域エリアで公平な送電線利用が可能になり，競争条件が整備された点で評価される。

図表2-2　英国のウィンド・ファーム

	稼働中151（2,177.8 MW）				建設中37（1,379.4 MW）			
	Onshore		Offshore		Onshore		Offshore	
スコットランド	45	1,082.0 MW	−	−	14	627.6 MW	3	190.0 MW
イングランド	64	370.1 MW	4	243.8 MW	11	170.0 MW	3	277.0 MW
ウェールズ	24	300.6 MW	1	60.0 MW	3	5.2 M	1	90.0 MW
北アイルランド	13	121.4 MW	−	−	2	19.5 MW	−	−
小計	146	1,874.0 MW	5	303.8 MW	30	822.4 MW	7	557.0 MW

	承認済み109（4,153.5 MW）				計画中222（10,428.5 MW）			
	Onshore		Offshore		Onshore		Offshore	
スコットランド	44	1,155.0 MW	−	−	97	5,285.1 MW	−	−
イングランド	38	463.2 MW	6	2,106.0 MW	62	1,174.1 MW	7	2,599.0 MW
ウェールズ	9	119.2 MW	1	108.0 MW	17	350.3 MW	−	−
北アイルランド	11	202.1 MW	−	−	39	1,019.8 MW	−	−
小計	102	1,939.5 MW	7	2,214.0 MW	215	7,829.5 MW	7	2,599.0 MW

（資料）　British Wind Energy Association資料に基づき作成。

2　送電線増強と料金規制

　図表2-2から明らかなように，スコットランドでは風力発電のボリュームが大きく，今後も相当量の計画があるため，送電線増強が求められている。SHETLとSPTLの2社が，基本的に設備投資の責任を負う。2001年～06年の5年間でSHETLは7,100万ポンド，SPTLは1億5,200万ポンドを費やしてきた。さらに，07年～12年には，それぞれ1億8,100万ポンド，6億800万ポンドに増額される。その原資は規制料金であるが，エネルギー規制当局のOFGEMは温暖化防止の観点から，送電線投資を促す料金設定を認めている。

　風力を中心として，再生可能エネルギーの潜在力が大きいオークニー諸島，シェトランド諸島，西部諸島についても，本土と接続する送電線増強が必要である。オークニーは交流ケーブル増設，シェトランドと西部諸島は高圧直流ケーブル新設が2012～13年に向けて動いている。しかし，それらは不確実性を伴うことから，07年～12年の料金算定には含まれていない。リスク分散と送電料金の低減を実現するために，OFGEMは建設段階での競争入札や，建設主体と利用主体の分離も視野に入れている。

3　離島問題解決の方向性

　アンバンドリングやISOが再生可能エネルギーの普及につながるという楽観論に対して，送電投資の不足がネックになるという否定的見解もある。エネルギー規制当局であるOFGEMは離島のような特定エリアについては，これから関係者間で協議を重ね，新たな規制の枠組みを構

築したいと考えている。自由化の下で広域運用が推進されてきたが，離島問題は特別扱いされているのが実情である。業種は異なるが，スコットランドの離島空港と航空事業者が地域振興基金で支援されている実例がある。多様な電源構成とユニバーサル・サービスを両立させる上では，同様の措置を導入するのが合理的かもしれない。

第5節 送電連系線の混雑管理手法

　わが国では自由化範囲拡大に伴い，送電線に関するルール策定作業が進められ，「電力系統利用協議会ルール」として公表されるに至っている。混雑管理については既に詳細な内容が盛り込まれているが，競争環境下での送電線利用の経験がなかっただけに，将来に再検討が必要となる可能性もある。

　以下では，まず，送電線と同様に不可欠設備（エッセンシャル・ファシリティ）にあたる空港発着枠（スロット）の配分方法を実例として紹介する。次に，国境を越えた電力取引を広範囲にわたって実施してきた欧州の実情を紹介し，今後のわが国の政策運用の参考としたい。

1　不可欠設備の共通点

　送電線とスロットはエネルギーと運輸という異分野の問題であるが，競争が機能する時に不可欠設備をどのように扱うべきなのかという点で共通性を持っている。スロットの配分・没収ルールには，以下のような

手法がある。

①行政判断，②既存企業優先，③未使用分回収，④新規参入者優先，⑤競争入札，⑥二次市場利用。

航空自由化の導入前には，航空会社の路線設定そのものが規制されていたので，スロット配分は①と②に基づいていたとみなせる。自由化によって航空会社の路線開拓競争が認められたために，特定空港の混雑現象が問題視されるようになった。競争指向の立場から判断すれば，③の適用後に④が重視される。ロンドン・ヒースロー空港とパリ・シャルルドゴール空港では，既存企業の利用が80％を下回ると，次期のスロット使用権は認められない。

その後，監督機関が再配分時にどのルールを採用するのかが論点となる。上記2空港では，政府から独立した中立的な組織として，スロット配分会社が設立され，再配分のルールを既存企業50％，新規参入者50％と決めている。⑤と⑥は市場メカニズムに合致しているが，金銭的取引により最終利用者の料金高騰につながる危険性がある点で支持する意見は少ない。

2 多様な混雑管理手法

欧州では，歴史的に国家間の電力融通が発展してきたために，以下のような複数のルールが存在している。①アクセス制限，②優先リスト（先着順），③比例割当制，④明示的競争入札，⑤市場分割。これらのルールが実際に，どの連系線で利用されているのかについては，図表2-3の通りである。EU指令では自由化の調和が促されているものの，必ずしも連系線利用の統一的なルールは存在しない。

図表2-3　欧州における混雑管理手法

混雑管理手法	国際連系線	混雑管理手法	国際連系線
アクセス制限	フィンランド−ロシア	明示的競争入札	オーストリア−チェコ
	ドイツ−スウェーデン		オーストリア−ハンガリー
	ポーランド−スウェーデン		ベルギー−オランダ
			チェコ−スロバキア
優先リスト	オーストリア（APG）−オーストリア（TIRAG）		デンマーク東部−ドイツ
	オーストリア（APG）−オーストリア（VKW-UNG）		デンマーク西部−ドイツ
			フランス−イギリス
	オーストリア−ドイツ		ドイツ−チェコ
	オーストリア−スイス		ドイツ−オランダ
	フランス−ベルギー		ドイツ−ポーランド
	ベルギー−フランス		ギリシャ−イタリア
	フランス−ドイツ		ハンガリー−スロバキア
	フランス−スペイン		ポーランド−チェコ
	フランス−スイス		ポーランド−スロバキア
比例割当制	オーストリア−ハンガリー		イギリス−アイルランド
	オーストリア−スロベニア	市場分割	北欧全域
	オーストリア−イタリア	管理手法なし	オーストリア−スイス
	ベルギー−フランス		ドイツ−オーストリア
	フランス−ドイツ		ドイツ−スイス
	フランス−イタリア		ドイツ−フランス
	フランス−スペイン		
	フランス−スイス		
	イタリア−ギリシャ		
	イタリア−スロベニア		
	イタリア−スイス		

（資料）ETSO, *An Overview of Current Cross-border Congestion Management Methods in Europe*, 2004.

①から③は，すべて市場メカニズムを利用しない配分方法である。それに対して，④と⑤については，経済的なシグナルを利用した配分方法であり，透明性がある点で優れている。競争入札が実施されている事例として，英仏間の連系線があげられる。これは2001年から開始されたが，必ずしも全面的に自由な入札とはなっていない。また，市場分割の採用によって混雑解消を図っているのは北欧4カ国であるが，この手法は緊密な送電事業者間の協力に支えられている。

3　新しい解決策の模索

　欧州域内の混雑管理に関して，2004年9月に欧州送電事業者連盟（ETSO）と欧州電力取引者団体（EuroPEX）が共同で「フロー・ベースド・マーケット・カップリング」と題する報告書を発表した。潮流モデルに基づくこの手法は1日前市場ですべての取引を完結し，各国の市場を1つのノードとみなして，送電料金の計算を繰り返す方法である。これは1つの実験として導入され，将来の制度設計に向けた新提案として公表されることになった。

　さらに，同年11月にはETSOから委託を受けた英国ケンブリッジ大学の経済学者を中心に，市場支配力問題についての報告書「ア・レビュー・オブ・ザ・モニタリング・オブ・マーケット・パワー」がまとめられた。そのなかで，市場支配力の分析には多様なアプローチが不可欠であり，そのためには時系列データの公開と市場参加者の関与が求められる点が強調されている。

　わが国でも卸電力取引所における取引量の増加に伴い，同様の課題に直面することは予想できる。欧州での電力取引とわが国のそれとを同一

視することは適切ではないが，現実の競争状態をチェックしながら，混雑管理手法と市場支配力問題についての政策的な対応策を継続的に考慮していく必要があるだろう。

第6節　オランダ電力取引所の成長

わが国では，2005年4月から自由化範囲が拡大されるとともに，卸電力取引所が実際に取引を開始した。広域市場の活性化に向けて，取引所の成長が期待されているが，これまでに経験が積まれていない取引形態であるだけに，将来の方向性を予測することは難しい。

以下で，今後の参考のために，欧州の取引所のなかでも，特に活発な動きを示しているオランダに注目してみたい。

1　取引所の新設と再編

欧州では，北欧4カ国によって協調的に運営されるノルドプールが長年の歴史を持つと同時に，比較的良好な成果をあげていることで広く知られている。2005年当時，欧州では図表2-4のような複数の取引所が存在している。さらに，ポーランドやスロベニア，チェコ，ルーマニアでも電力取引所が開設されているが，これは自由化によって欧州が1つの広域市場として位置付けられている証しでもある。

他方で，システム統合の利益を享受するために合併も進行している。ドイツのEEXがLPXとの合併を通して，国内で大規模化を実現したの

図表2-4　欧州の電力取引所とその業務（2005年）

	電力取引所	現物取引	金融取引	清算業務
オーストリア	Energy Exchange Austria (EXAA)	○	×	×
デンマーク	Nord Pool （ノルウェーを含む）	○	○	○
フィンランド				
スウェーデン				
フランス	Powernext	○	×	○
ドイツ	European Energy Exchange (EEX)	○	○	○
イタリア	Gestore del Mercato Elettrico (GME)	○	×	×
オランダ	Amsterdam Power Exchange (APX)	○	×	×
スペイン	OMEL - Compania Operadora del Mercado Espanol de Electricidad	○	×	×
イギリス	UK Power Exchange	○	○	○
	Automated Power Exchange (APX)	○	○	
	PowerEX	○	○	
	International Petroleum Exchange	○	○	

（資料）　EURELECTRIC資料に基づき作成。

に対して，オランダの電力取引所APX（アムステルダム・パワー・エクスチェンジ）は英国の取引所を取得することによって規模拡張を図った。電力事業者と同様に，取引所についても寡占化の波が起きている点は興味深い。

2　拡張路線のオランダAPX

　オランダのAPXは1999年に，インターネットによる電力取引所として設立され，スポット市場を開設した。当初の参加メンバーは9社だったが，その後，36社にまで増加した。前日市場の取引量（2004年）は13.40 TWh（前年比12％増）で，電力消費量に占めるシェアは約12％である。03年の平均価格は猛暑の影響で，46.47ユーロ/MWhに達したが，04年は31.57ユーロ/MWhまで低下した。

　オランダのAPXは，2003年2月に別会社である英国のAPX（オートメイティッド・パワー・エクスチェンジ）からAPX UKを取得し，UKPXとなった。さらに，同年7月に英国の送電線とガスパイプライン運営会社であるナショナル・グリッド・トランスコ（NGT）からガス取引所（EnMO）を取得し，APX Gasという社名のもとで，前日市場と当日市場を運営してきた。APXは電力のみならずガスの売買にも進出し，欧州最大のエネルギー取引所として基盤を固めている。その後も，社名変更や統合・再編成が続き，英国，オランダ，ベルギーにおけるエネルギー取引を扱うAPX-ENDEXという大企業に成長した。

3　系統運用者との関係

　オランダのAPXは送電系統運用会社TenneTの完全子会社であり，その送電会社の株式はオランダ政府によって100％所有されている。つまり，電力取引所と系統運用者は一体化された組織とみなすことができる。さらに，政府がそれらの運営に関して最終的な判断を下す権限を保持している。このような関係が築かれているので，取引所と系統運用者の協

力が容易になることに加え，将来のインフラ投資も実行しやすいというメリットがある。

電力のみならずガスをも取り扱うようになったAPXは，エネルギー取引所に成長したが，オランダ政府の支援を受けて成長していると言っても過言ではない。競争市場形成のために，政府が取引所に対して介入するのは矛盾しているかのように映る。しかし，取引所の発展のために系統設備の充実が不可欠である点を考慮すると，公的な関与も無意味ではないだろう。

4　市場活性化の具体策

オランダ電力市場は1998年電力法に基づき，段階的に自由化が進められ，2004年に全面自由化へ移行した。03年の電力消費量は109.2TWhであるが，発電部門は上位4社90％という寡占状態で，小売り供給部門についても同様に4社（家庭用では3社）による寡占状態である。このような状況のもとで，弾力的な売買を促す取引所の存在は意義を持つ。

しかし，現実には取引所が円滑に機能するには課題も多い。04年3月に流動性確保に関する報告書が，エネルギー規制庁から公表された。そのなかで，ドイツの系統運用者との協力強化，プレーヤーのリスク軽減，卸電力市場の監視等の方策が提言されている。それらの効果は必ずしもすぐに現れるわけではないので，規制当局は「仮想発電設備」と呼ばれるVPP（バーチャル・パワー・プラント）を活用すべきであるという見解を示した。既にVPPを実施した例としてNUONがあげられる。

VPPはフランスEDFによって考案された方法で，既存企業の発電設備が競売にかけられ，他社がそれを一定期間，利用する権利を持つこと

になる。設備そのものの所有権は既存企業が持ち続けるが，新規参入者などの他社が一定の条件のもとで設備を利用することで，擬似的な競争関係がつくり出される。この方法は発電設備売却とは異なるので，所有権移転に伴う煩雑な問題が回避できる。取引所取引との関係を明確にする課題は残っているが，今後わが国でも市場を活性化させるために検討する価値はあるだろう。

第7節　欧州電力取引所の活性化方策

欧州では自由化の進展に伴い，複数の電力取引所が開設された（前掲図表2-4参照）。電力取引の実態については，図表2-5に示す通り，2005年

図表2-5　スポット取引数量の比率（2005年）

電力取引所	運営国	比率（%）
OMEL	スペイン	84.9
Nord Pool	北欧	35.6
Amsterdam PX	オランダ	13.3
EEX	ドイツ	12.2
Powernext	フランス	4.4
EXAA	オーストリア	2.8
UKPX	イギリス	2.3
PolPX	ポーランド	1.5
Borzen	スロベニア	0.8
OTE	チェコ	0.5

（資料）Capgemini, *European Energy Observatory*.

時点において強制プールを採用するスペインを除き，相対取引と取引所取引の並存する諸国では後者の比率はまだかなり低い。しかし，多くの取引所で取引数量が増大しているのも事実である。欧州内では流動性を高めるために，取引所間の協力が強化されている。ベルギーの電力取引所はオランダとフランスの支援を受けて設立された。

以下で，その詳細と取引活性化の方策について紹介する。

1 取引所は好調なのか

2005年10月に公表されたコンサル会社（キャップジェミニ）の資料によると，欧州のほとんどの取引所で取り扱い数量が2003/04年から04/05年にかけて増加している。スポット市場で顕著な伸びを示したのは，フランス・パワーネクスト（90％）である。冬季だけでみるとパワーネクスト（56％），オランダ・APX（33％），イギリス・UKPX（26％）およびドイツ・EEX（24％）となる。

オランダAPXとノルドプールの2004年平均価格は，前年と比較すると低下した。相対取引や標準化された電力取引所の価格は，概ね30ユーロ/MWhに収れんする動きがみられる。しかし，経験の浅い取引所では，しばしばボラティリティが起きている。需給逼迫や原油価格の高騰，CO_2排出権取引価格の影響などによって，価格が上昇傾向を示した点から，取引所取引はまだ安定しているとは言えない。

2 ベルギーと蘭仏の協力

EUの電力自由化指令に基づき，ベルギーでは1999年から制度改革が

着手されている。2004年には小売り自由化が90％まで拡大され，07年に計画通り，完全自由化が実施された。そのようなプロセスのなかで05年7月に，電力取引所ベルペックス（本社ブラッセル）が設立されることになった。

　ベルペックスの株式所有者は，ベルギーの送電会社Elia・70％，フランスの電力取引所パワーネクスト・10％，オランダの電力取引所APX・10％，オランダの送電会社TenneT・10％である。さらに，フランスの送電会社RTEもEliaの持分から10％を取得する意向を示している。このように，ベルペックスは近隣国の取引所と系統運用者から国際的な支援を受けた組織である。

3　欧州内で進む市場連動

　オランダ，ベルギー，フランスの3国は，ベルペックスを通して「トリラテラル・マーケット・カップリング」という名称で市場を連動しようとしている。これは3取引所の協力強化となる点で注目に値する。効率的な電力取引の実現が狙われているが，一国内の取引と比較して流動性が高くなることは明らかである。混雑管理の点からも，ベルペックスが重要な役割を果たすと考えられる。

　さらに，フランスのパワーネクストは，2006年からスペインOMELと1日前市場を連動させる構想を具体化している。2008年には，水力発電を中心とするノルウェーからの電力取引を増加させるために，オランダはノルウェーとの間に海底ケーブルによる国際連系線を敷設した。同様に09年には，オランダとデンマークの間でも，再生可能エネルギーを中心とした電力取引を活性化させる目的から，海底ケーブルによる国際連

系線を開発する協定が調印された。1999年から調査を続けてきたオランダ・英国間の国際連系線は11年4月から運用され，欧州内の電力取引活性化に寄与している。このようにオランダが中心となり近隣諸国との協力に基づき国際連系線を結ぶことにより，欧州内の取引数量を増大させる方策が採用されている。

4　仮想発電設備の活用

　ベルペックスは2006年の第2四半期から，1日前市場の取引を開始する計画だが，それに先立ち1月からVPP（バーチャル・パワー・プラント）業務を先行させるとの見解を公表した。ベルギーの大手電力会社エレクトラベルが競売を通して，仮想発電設備を提供する。同社は既に03年12月からVPPの競売を実施してきた。04年10月と05年1月の415MW（ベース277MW，ピーク138MW）を含め，これまでの総量は1,150MWに達する。新しいVPPの詳細は公表されなかったが，1日前市場が開始される前に，既に実績のあるVPPを用いて，電力取引が軌道に乗るような措置がとられた。

　VPPを導入した最初の国はフランスであるが，オランダでも競争促進上，VPPが政策的に重要であると認識され，NUONによって実施された例がある。デンマークでは，北欧初のVPPが既に実施され，250MWの仮想発電設備が6社により購入された。さらに，チェコやハンガリーでも小規模な実例があり，イタリアやドイツでは具体的な計画が進行している。系統運用者との協力という点で複雑な問題を抱えるが，わが国でも電力取引のメニュー多様化と市場活性化を狙いとして，VPPを活用する方向性を探るべきであろう。

第3章

電力・ガス供給網の充実
～設備投資を促す工夫～

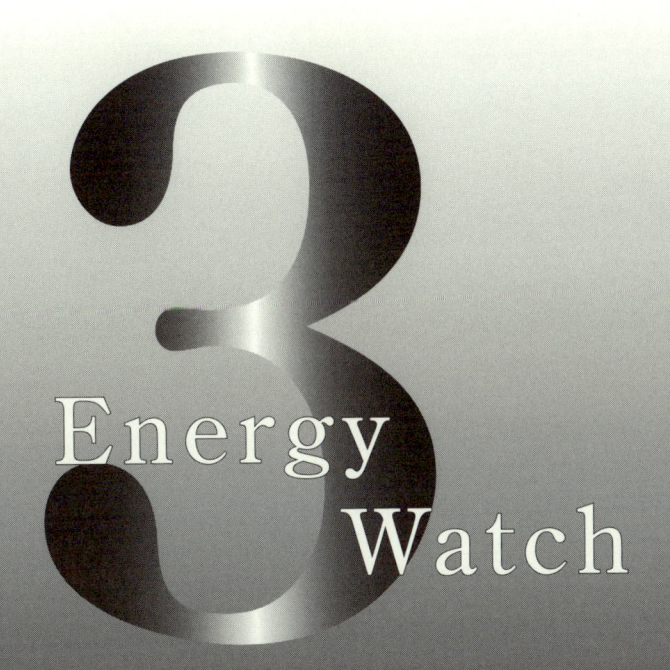

Energy Watch

第1節 エネルギー・インフラ会社の誕生

　2002年4月に，英国の送電会社であるナショナル・グリッド・カンパニー（NGC）とパイプライン会社であるトランスコの合併が公表された。厳密に言うと，合併を企図しているのは，それぞれの親会社であるナショナル・グリッド・グループ（NGG）とラティス・グループ（LTG）である。この合併が成立すると，電力とガスのインフラを専有する「ナショナル・グリッド・トランスコ」という，エネルギー業界における超巨大企業が出現することになるので，世界的にその動向が注目された。

1　合併当事者の概要

　周知の通り，NGGは1990年に実施された国有企業CEGBの分割・民営化時に独立した送電会社である。2001年3月末まで強制プールを運営してきた点で，電力取引の「要」となる存在であった。新しい電力取引協定（NETA）が開始されてからは，系統運用者としての機能を果たし，発電量と需要量を調整するバランシング・メカニズムを運営している。
　NGGの主要な業務には次の5つが含まれる。①イングランド・ウェールズにおける送電網の所有と運営，②電力取引におけるバランシング・サービスの提供，③スコットランド，フランスとの連系線の所有と運営，④子会社（EnMO）を通したガス取引，⑤米国を中心とする海外での送配電事業，連系線，小売り供給事業。
　また，LTGの業務は，もともと1986年に国有企業BGCが民営化され

たブリティッシュ・ガスの一部門であった。97年に採掘・輸送事業（ビージー）と購入・小売り供給事業（セントリカ）が分離され，さらに2000年に，ビージーは採掘部門（ビージー・インターナショナル）と輸送部門（LTG）に分離された。

　LTGの主要業務は，以下の通りである。①全国ガス輸送パイプラインの所有と運営，②ガス取引におけるバランシング・サービスの提供，③子会社（ファースト・コネクト）を通した接続業務，④メーター機器設置と検針サービス，⑤コジェネ設備による発電事業，⑥ガス貯蔵設備の所有と運営，⑦アイルランド，ベルギーとの連系パイプラインの所有と運営。

2　合併の効果と評価

　本合併が競争に及ぼす影響については，以下の2点が考えられる。第1に，両社が送電網とパイプラインに関する情報を独占的に管理するために，反競争的な行為が生じやすくなる点である。第2に，両社がそれぞれ子会社を通して，電力とガスの融合化を進めてきたために，合併後は必然的に総合エネルギー会社となる点である。発電設備でみると，ガスが全体の約3分の1を占めている状況から，合併によってネットワークの効率的運営が実現できるかもしれない。しかし，電力取引とガス取引の両方で，他社とは比較にならないほどの優位性を持つことも確かである。

　送電部門とパイプライン部門では競争が機能しない点は明らかであるので，合併後についても利用者保護と安定供給の観点から，政府の規制は必要になる。規制に伴う問題点は，以下の通りである。第1に，料金

規制を課す対象が1社になるので，規制手続きは容易になるが，比較対象がなくなるというデメリットもある。第2に，これまでに電力とガスのそれぞれについて，厳格な会計上の境界区分が設定されてきたが，統合後にその見直しが必要になる可能性もある。

　英国では，電力・ガスの自由化プロセスにおいて，M&Aが頻繁に繰り返されてきた。株式取得者として外国企業や他の公益事業に属する企業が現れているので，グローバル化とマルチ・ユーティリティ化はかなり進展している。しかし，従来の合併は電力の発電，配電，小売り供給と，ガスの生産，購入，小売り供給部門での現象であった。インフラ部門が他社と統合する事態は想定外であったので，このケースは異例の合併として受けとめられた。

　これを受けて，ガス電力規制庁や競争政策当局が調査に入ったが結果的に認められた。当事者からは大手ネットワーク企業の成立によって，シナジー効果に基づく良好な成果が実現できるという見解が主張されたものの，両社の合併は外国企業による株式取得の機会を阻止することになるという批判もみられた。本合併が将来のインフラ投資にいかなる影響を及ぼすのかが，まず問われるべきであり，最終判断を下す前に具体的なシミュレーションを通して，将来像が示されるべきであったと考えられる。

第2節　ロンドンにおける停電と送電投資

　2003年夏は8月14日の北米大停電をはじめ，世界的に送電網のトラブ

ルを原因とする停電事故が相次いで発生した。英国では02年秋，大風によって配電網が各地で寸断される被害を受けたために，停電への関心は極めて高かった。北米の事故直後に，英国も需要の増える冬季には停電に陥る危険性があるというニュースが流れ，自由化後の予備率や送電投資に疑問が投げかけられていた。皮肉にも，その2週間後にロンドンでも停電が起きてしまった。

1 停電の原因と影響

　送電システムに起因する停電は，03年8月28日（木）午後6時20分にロンドン南部のEDFエナジー（旧ロンドン・エレクトリシティ）の配電エリア内で起きた。そのエリアの需要規模は1,100MWであり，変電設備はリトルブルック，ハースト，ニュークロス，ウィンブルドンの4カ所にある。この事故には2つの原因があると考えられている。第1はハースト変電所における変圧器の異常であり，第2は01年にリプレースされた防護リレー装置の設定ミスである。

　直接，被害を受けたのはテムズ川南部のウィンブルドン一帯という限られた地域である。幸い停電時間は37分であったが，エリア内の利用者40万人が影響を受けた。この数字は，北米の5,000万人からみれば微々たるものである。しかし，帰宅のラッシュ時間帯であったために鉄道，地下鉄，信号が停止し，約25万人の交通利用者が大混乱に陥った。具体的には，主要駅でタクシーが3時間待ちという状況であった。

　この停電の特徴は一般需要家への損失よりも，通勤途中の利用者に大きなダメージを与えた点にある。同年2月から市内に乗り入れる自動車に混雑税が適用されたため，通勤を電車に転換した人もいる。ところが，

公共輸送機関そのものがストップしたので，電車通勤者の不満は爆発した。停電が送電システムの事故であるにもかかわらず，多くの人々は交通政策の不備を指摘している。

2　規制当局側の認識

　OFGEM（ガス電力規制庁）が事故翌日に公表した緊急のプレス・リリースによれば，「ナショナル・グリッド・カンパニー（NGC）の設備投資に問題はない」という判断である。NGCが民営化以降，30億ポンド以上の投資を行い，過去2年間に7億1,600万ポンドを支出してきた点や，国有化時代と比較すると投資が進んでいる点を示している。規制当局の迅速な対応は評価できるが，当事者が調査に着手する前に，結論を左右する見解を出したのは問題がありそうである。

　その後，9月16日に公表されたステイトメントにおいても，「送電投資が過少になっているために停電事故が起きたのではないか」という批判をOFGEMは否定している。むしろ，セキュリティの観点でNGCの信頼度は99.9999％であると，小数点以下4桁の数字を明示しているほどである。一貫してNGC擁護の立場が表明された。

3　設備投資額の推移

　自由化後の停電は，ある程度予測されていたが，このケースは民営化以降，最大の規模であったために注目を集めた。当事者による調査も既に完了し，技術的な観点を中心に，報告書がまとめられた。そのなかで，今後5年間にロンドン地域において，年5,000万ポンド以上の支出を行

う計画が示された。

　民営化が実施された1990年以降，送配電部門の投資額は160億ポンドに達する。NGCの送電部門だけに限定すると36億ポンドで，ロンドン地区における投資額は約7億ポンドに及ぶ。図表3-1から明らかなように，ロンドン地区の投資額は増大傾向にあった。このような投資額はもちろん重要であるが，それ以上に重視すべきことは，それらが本当に必要な場所に投じられていたのかという点である。アンバンドリングの弊害として，組織内の情報が的確に伝達されていない点を指摘できる。また，現場における系統運用や設備運用の経験不足も軽視できない。最終章で言及する鉄道インフラの破綻と同様に，数字上の投資額だけが増加

図表3-1　　ロンドン地区における送電投資額

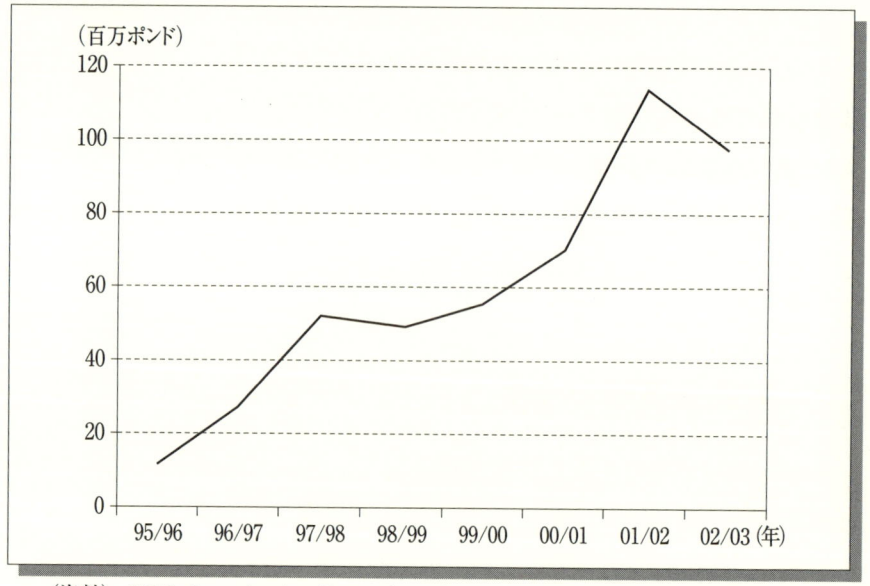

（資料）　NGC, *Investigation Report into the Loss of Supply Incident affecting parts of South London.*

し，需要密度の濃い地点における投資がおろそかになっていたかもしれない。

今後の課題として，NGCは配電会社のみならず，鉄道会社や地下鉄などの大口需要家，さらにはリスク管理の視点から，市長や消防・救急隊などの関係者と密接な連絡調整を図る点を強調している。この事故を契機に，自由化のもとでの健全な送電投資や円滑な運用業務については，すべての関係主体が協力してはじめて可能になるという点が再確認されなければならない。

第3節　ガス設備拡充と地域網の分離

英国はガスの生産大国であると同時に，大量消費国でもある。これまでは，輸出国としての立場を維持してきたが，自国生産だけでは需要に対応できないために，純輸入国に転じることになった。量的な面で安定供給を実現するためには，国際パイプラインや貯蔵設備などを中心に，インフラ施設の充実が不可欠と考えられる。しかし他方で，送電パイプライン会社であるナショナル・グリッド・トランスコ（NGT）は，地域配管網の売却を決定している。自由化が進むなかで，ガス市場でどのような変化が起きているのかについて，以下で紹介する。

1　インフラ施設の整備

英国におけるガス生産は徐々に，減少傾向をたどり，輸入依存度は

2010年に50％, 25年に70％に達すると推計されている。英国はベルギー間と, ノルウェー間にそれぞれ1本ずつ, パイプラインを持つ。貯蔵設備については, セントリカの保有する北海南部ラフの沖合い施設に加えて, ヨークシャー東部ホーンシーに建設された9つの岩塩洞穴施設が存在する。

将来の輸入拡大に備えて, 以下のような建設計画が具体化している。①ベルギー側でのガス圧縮装置の増強（06年稼働）, ②オランダとのパイプライン建設（06年稼働）, ③ノルウェーとの新パイプライン建設（07年稼働）。また, 貯蔵設備の新規計画は小規模ながら2件進められているが, むしろLNGターミナル施設の方が重要とみなされている。

北海油田が軌道に乗る前の1960年代に, LNGは一定の役割を果たしていたが, 旧設備は使用できない状態となっている。NGTが, テムズ河口のグレイン島に建設してきたターミナル施設は, 2005年に稼働し, 10年には拡張工事に着手した。ウェールズのミルフォード・ヘイブンでも, ガス・石油会社による複数のプロジェクトが立ち上がっているが, 内陸地のパイプライン建設に時間を要するため, 実際に利用できるのは12年以降になる。

2　地域網の分離・売却

ガス輸送部門はNGTのもとで, 高圧配管（NTS）と低圧配管（LDZ）が一体的に運営されてきた。2003年1月に, LDZの一部売却が提案されたが, EUレベルでのアンバンドリング論が, そのような動きを促したと考えられる。さらに, 電力の送電と配電が区分されているので, エネルギー規制当局のOFGEMによって, ガスも同様の形態に移行する方策

図表3-2　ガス地域網の売却状況（2004年）

地域	購入者	売却額
スコットランド	Scottish and Southern Energy plc Borealis Infrastructure Management Inc Ontario Teachers Pension Plan	32億ポンド
イングランド南部		
イングランド北部	Cheung Kong Infrastructure Holdings Limited United Utilities PLC	14億ポンド
ウェールズ・西部	Macquarie European Infrastructure Fund	12億ポンド

（資料）NGT, *Transportation Ten Year Statement 2004.*

が推奨された点も指摘できる。配電や水道事業では，複数の異なる地域会社間の成果比較による間接的競争が重視されている。

　地域網は地理的に再編成され，スコットランド，イングランド北部，イングランド南部，ウェールズ・西部が売却の対象となり，それぞれ図表3-2のような購入者が現れた。ロンドン，ウエスト・ミッドランズ，イングランド東部，北西部については，依然としてNGTの傘下に残る。04年8月末に，NGTは売却総額が58億ポンドに達することを公表した。OFGEMは利用者に便益をもたらすと判断しているが，NGTと他社地域網とのアクセスやガス市場全体のバランシングなど，難解な課題が山積しているのも事実である。

3　小売り料金への影響

　卸料金値上げによって2004年の小売り料金は，前年と比較して15％も高騰した。ガス料金の上昇は発電コストを押し上げるので，電力小売り料金も，当然の結果として引き上げられる。老朽化した石炭火力の代替

や，温室効果ガス削減の観点から支持されているCCGT発電の比率は，12年に60％になるとの見解もある。したがって，政策的にはガス料金の抑制が求められることは言うまでもない。

04年9月において，ガス小売り供給市場の需要家スイッチング率は40％であった。電力や石油系の新規参入者が市場を席巻し，既存事業者であるセントリカは苦境に追い込まれている。需要家の離脱を食い止めたい同社は最近，「プライス・プロテクション」と呼ばれる新商品を作り出した。この契約を結ぶと，07年4月まで料金を一定の範囲内にとどめることができる。このように，自ら料金規制を加え，一定幅以上の値上げを実施しないことをPRしたユニークな戦略が商品化されている。

政府はエネルギー供給に関して，競争的な市場において多様性が促進され，かつセキュリティが確保できるという姿勢を崩していない。しかし，民間企業がパイプラインや貯蔵設備建設に伴う大きなリスクを負えるのか，自由な契約に基づくガスと電力の小売り供給市場で，料金低下が長期的に維持できるのかなど，多くの疑問は残っている。常に自由化指向の実験を繰り返す英国だが，今後の動向についても注視する必要がある。

第4節　自由化後の投資インセンティブ

欧州では，エネルギー自由化後に設備投資をいかに実現するのかという問題が，現実に大きな争点となっている。自由化以前から，送電線やパイプラインの建設が困難になることは，ある程度，予測されていた。

さらに、自由化導入後には、発電や貯蔵施設についても、リスク負担の問題が表面化している。自由化に伴い、電力・ガスの取引所取引や需要家のスイッチングが話題を集めているが、安定供給を実現する上では、設備投資についての検討が不可欠である。

1 投資インセンティブ

　欧州エネルギー規制協議会（CEER）、欧州電気事業連合会（EURELECTRIC）、欧州電力・ガス規制者団体（ERGEG）などの機関が、図表3-3のような電力・ガスの自由化と設備投資に関する報告書や討議書を公表している。自由化以降、新規参入者が次々に出現していることに加え、国境を越えた活動が展開される傾向は強くなっている。このような環境下で、設備投資についての実態の把握と将来のルール標準化が狙われているものと考えられる。

　ガスの新規設備投資は、法律の制定や規制機関の存在によって影響を受ける。CEER報告書では、規制の枠組みが欠如している場合には、投

図表3-3 インフラ投資に関する報告書（2004年～05年）

組織名	タイトル	発行年
Council of European Energy Regulators	*Investments in gas infrastructures and the role of EU national regulatory authorities*	May 2005
Eurelectric	*Ensuring Investments in a Liberalised Electricity Sector*	March 2004
European Regulators Group for electricity and gas	*The Creation of Regional Electricity Markets*	June 2005

資の見返りが抑制されてしまう点と，大型の新規投資は規制手段によって，インセンティブを付与できる点が強調されている。インフラ運用者のアンバンドリングや，設備利用についての競争原理の利用も考慮に入れられているが，むしろ規制機関による投資計画の公表こそが重要であるとの指摘がみられる。

発電部門については，自由化が競争を通して，料金低下を導いたのは事実であるが，発電設備の建設に伴うリスクを増大させたことも否定できない。今後，需要が伸びることを前提にすれば，「過少投資−料金上昇−利益増加−過剰投資−料金低下」という流れが繰り返されると予想される。EURELECTRICは，このようなダイナミックな循環は特定企業に利益をもたらすが，必要な投資が実現できるとは限らないので，多数の需要家と社会全体は損失を被ると判断している。

2　リスク負担の軽減策

自由化後に競争が機能するなかで，事業者が短期的な利益追求に専念することは当然の結果である。長期的観点から設備投資を実行する事業者は，何らかの形でリスク軽減を図らなければならない。その方法としては，①合併による企業規模拡大，②供給エリア拡張による市場獲得，③他国への進出，④マルチ・ユーティリティ化の推進が有力な選択肢となる。

自由化によって設備投資が不安定化したために，インフラ・ビジネスが衰退するとの悲観論も成り立つ。しかし，政府が一定の規制のフレームワークを設定すれば，設備投資を行う事業者は存続できる。政府の規制を利用しながらマルチ・ユーティリティ化を実践している事例として，

英国のユナイティッド・ユーティリティズをあげることができる。

3 インフラへの集中化

　ユナイティッド・ユーティリティズは，1995年に配電会社と水道会社の合併によって誕生した企業である。従業員数は1万7千人にのぼり，供給エリアはイングランド北西部（供給人口700万人）である。過去に電力・ガスの小売り供給部門を保有していたが，2000年8月に売却してしまった。その後の動向で注目されるのは，05年6月に送電線とガス・パイプラインを運営するNGTから，ガスの地域網を他社と協力して購入した点である。

　同社は，競争に晒されている発電と小売り供給にはまったく関与せず，規制部門に特化する戦略を採用してきた。一般の事業者は，自由化により競争部門に意欲的に参入しようとするが，それとは対照的な動きである。同社は，インフラ・ビジネスにおける投資が顧客に対する利益を生み出し，地域全体に貢献できる点を重視している。この背景には，プライス・キャップによる料金規制が収益確保をもたらすという仕組みがある。

　エネルギーの上流部門への参入が実現できる条件として，燃料調達での自由度があげられる。しかし，現実には必ずしも安価で安定的な燃料が長期的に確保できるわけではないので，参入できる企業は限られている。また，下流の小売り供給市場では，顧客争奪戦に多くの人件費が投入されているために，料金競争のなかでの利益創出は難しい。自由化のもとでも，インフラ投資を重点的に推進する企業の存在は社会的に求められるが，政府規制を残すことによって，事業者に安定収益を確保させ

ることができる点を再認識すべきであろう。

第5節　ガス値上げとLNGターミナル建設

　2004年以降，天然ガスの価格高騰によって，ガス・電力会社は大打撃を受けているため，小売り料金の値上げが避けられない状況にある。02年当時と比べると，06年の卸ガス費用は266％もの上昇になる。自由化以降，値下げ傾向にあった小売り料金は，ガス・電気ともに03年から値上げが続いている。エネルギーの安定供給を実現する上で，長期的には原子力に期待が寄せられているが，当面は天然ガスの確保が優先されることになる。

1　とまらない料金値上げ

　2006年に入って大手6社のすべてが，ガスと電力，両方の値上げを行っている。セントリカ（ブリティッシュ・ガス）は同年3月の値上げに続き，再度9月から，ガス12.4％，電気9.4％の値上げに踏み切った。標準的な家庭の年間料金（現金・小切手支払い）で，ガスは707ポンド，電気で428ポンドになる。単純合計で，1,000ポンドを超えてしまう。03年と比較すると，ガスは約90％，電気は約80％もの値上げになる。06年だけでみても，それぞれ37％，33％の上昇である。

　同様に，パワージェン（親会社E.ON）も同年8月にガス18.4％，電気9.7％の料金値上げをしている。ガスは03年から107％アップの644ポ

ンドへ，電気は62％アップの392ポンドへと変更された。06年だけでは，ガス47％，電気30％の値上げである。EDFエナジー（旧ロンドン・パワー）は同年7月にガス19％，電気8％の値上げを実施した。ガスは03年と比較して92％アップの642ポンドへ，電気は54％アップの357ポンドになった。

2　インフラ整備の具体策

　天然ガスが高騰している理由として，北海での生産が減少している点があげられる。それを補完する措置として，①パイプラインの能力拡張，②LNGターミナルの増設，③ガス貯蔵施設の増強が進められている。パイプラインについては，ベルギーとの既存インターコネクターが05年秋に増強されたが，さらに06年12月に向けて拡張工事が継続された。04年から建設されてきたオランダとのパイプラインは，06年から輸送業務を開始した。ノルウェーとのインターコネクターも建設中で，早期の稼働が期待されている。

　英国・ベルギー間は，Interconnector UKと呼ばれる合弁企業が運営しているが，参加しているのは，ベルギー，ドイツ，イタリア，ロシア，アメリカ，カナダ企業である。英国・オランダ間は，BBLという合弁企業で，オランダ，ベルギー，ドイツ企業から構成される。また，英国・ノルウェー間は，Gasscoというノルウェー政府の国有企業が運営している。このように英国の出資はないものの，国際協力に基づいて大規模なパイプライン網が構築されてきた。

　LNGに関しては，1964年にCanvey Islandにおいて，アルジェリアから輸入したのが世界で最初の事例である。その後，北海油田の繁栄によ

図表3-4　LNGターミナル建設プロジェクト（2005年）

プロジェクト	開発主体	立地場所	規模(㎥/年)	稼働
Isle of Grain（Phase II）	National Grid	Isle of Grain	90億	2008/09
Dragon LNG	Petroplus/BG/Petronas	Milford Haven	60億	2007/08
South Hook LNG（Phase I）	Qatar Petroleum/ExxonMobil	Milford Haven	105億	2007/08
South Hook LNG（Phase II）	Qatar Petroleum/ExxonMobil	Milford Haven	105億	2008/09
Canvey LNG	Calor Gas/Centrica/Japan LNG	Canvey Island	54億	2010
Amlwch LNG	Canatxx	Isle of Anglesey	150億	2010

（資料）National Grid, *Gas Transportation Ten Year Statement 2005*.

りLNGの必要性は急速に低下したために，84年に定期的な輸入は停止された。約20年が経過して，2005年にIsle of Grainで，過去のピーク対応施設がLNGターミナルとして再建されることになった。そのような動きを受けて，図表3-4のような工事が進められている。

英国は2004〜05年に，天然ガスの輸出国から純輸入国に転じている。05年の生産は937億㎥であるのに対して，需要は1,008億㎥である。また，輸入は159億㎥で全供給量の16％を占めているが，15年には80％に達するとの予測もある。発電用を中心に需要は，今後も増大するので，LNGの果たす役割は一層大きくなると考えられる。

3　長期計画に基づく発展

　以上のような将来投資に必要な情報は，一括してインフラ会社であるナショナル・グリッドの発表するTen Year Statementというタイトルの長期計画報告書のなかに盛り込まれている。この報告書は，ガス輸送事業者ライセンスの特別条項と，業界の統一ルールであるネットワーク・コードにより，毎年公表が義務付けられているもので，12月に発刊される。

　そのプロセスは以下の通りである。1月に新しい報告書作成に向けて，データ収集のための質問表が関連企業に配布され，2月中に回答を得ながら，同時に討議の場が持たれる。その後，7月に投資計画の概要が明らかにされ，ナショナル・グリッドの見解として報告書の原案がまとめられる。そこには需給予測，投資計画，安定供給についての詳細が含まれている。このような計画的かつ柔軟性のあるプロセスのなかで，現実の投資が実行しやすいシステムが築かれていることは注目に値する。

　競争の下でガス料金が上昇すれば，事業者はそれを指標として自己判断で投資するという楽観論もある。しかし，実際には将来の料金が不透明ななかで，迅速に投資に踏み切る事業者は存在しない。英国では，設備投資が計画的に実行されているので，料金上昇に歯止めがかかると思われる。今後，世界的にLNG争奪戦に入ることは以前から指摘されてきた。わが国でも，安定供給のためには原子力だけではなく，LNG確保も極めて重要である点を再確認しておく必要がある。

第4章

全面自由化後の料金動向
〜求められる値上げ対策〜

Energy Watch

第1節　TXUの自由化対応策

テキサス・ユーティリティズ（TXU）は，米国テキサスをベースにするエネルギー事業者であるが，近年は欧州とオーストラリアにも進出し，発電事業者や小売り供給事業者として，積極的なビジネスを展開している。英国ではブリティッシュ・エナジー（BE），ナショナルパワー（NP），パワージェン（PG），セントリカなどの既存大手と競争関係に立つ企業に成長してきた。以下で，自由化への対応を着実に進めているTXUの動向を紹介する。

1　ビジネス拡大路線

英国におけるTXUの発電事業は，1998年のイースタンの取得によって実現した。もともと配電会社であったイースタンが発電部門に進出したのは，96年に規制当局が寡占的なNPとPGの発電設備の一部を譲渡する指示を出したことによる。1999/2000年の発電設備のシェアはPG（16.5％），BE（14.8％），NP（13.0％）に続き，TXUは第4位（9.2％）であるが，市場支配力の重要な指標であるSMP（システム限界価格）決定のシェアはNP（31.0％）に次いで，第2位（24.5％）であった。

電力とガスの小売り事業に関しては，イースタン・エナジーとノーウェッブ・エナジーにより運営されている。それぞれイースタン地域とノーウェッブ地域に拠点が置かれていたが，99年に全面自由化が実現されてからは地理的区分の意義は薄れてきた。小売り供給部門では，電力と

ガスを同時供給する契約「デュアル・フュエル」が重視されている。TXU傘下の両社はロンドン地域で「デュアル・フュエル」を提供し，互いに顧客を奪い合うライバル関係にある。

　2002年3月，TXUはガス小売り企業のアメラダ・ヘスを，1億1,700万ポンドで買収する見解を表明した。米国ニューヨークに本社を構える同社は，主として石油とガスを取り扱うエネルギー会社である。ロンドン地域において「デュアル・フュエル」戦略をとる13社のなかで，アメラダ・ヘスは家庭用に関して，どのような規模の需要家に対しても最大の割引率を提示してきた。

　既にTXUは550万の顧客をおさえているが，この買収を通して，さらにアメラダ・ヘスの40万軒を獲得することになる。競争促進の観点から政策当局の調査が実施されるが，アメラダ・ヘスが生産・採掘部門に特化する意向を固めているので，両社間での合意は既に形成されている。

2　固定料金制の導入

　英国には「フュエル・プア」，「フュエル・ポバティ」という概念がある。これは「可処分所得の10％以上を光熱費に充てている家庭」を意味するが，全国で600万世帯を超えるという推計が出されている。TXUは2000年5月から，このような低所得者需要家に対して，電力・ガスを安心して使用できるように「ステイ・ウォーム」という年間固定料金のサービスを提供している。使用量とは関係なく，料金は固定されているので，実質的に「使いたい放題」ということになる。

　「ノー・フリル，ノー・ビル，ノー・ワァリー」（「過剰なサービスがないかわりに，高額の請求書の心配もありません」）がTXUのうたい文

第4章　全面自由化後の料金動向　～求められる値上げ対策～

句である。条件として，サービスを受けられる需要家は60歳以上に限定される。支払いに関しては銀行口座引き落としでも，郵便局での現金払いでも可能であり，週払い，隔週払い，月払いのいずれかを選択できる。

実際の料金は，居住者数と寝室数で決まってくる。例えば，1人暮らしで2部屋であれば，料金は週あたり8ポンド30ペンス（年間に換算すると432ポンド）である。ロンドンの平均的な家庭が支払っている電力・ガス代金は，銀行口座引き落としで，年間533ポンド，現金・小切手で578ポンドであるので，それらとの比較から「ステイ・ウォーム」の安さがわかる。

政府の推奨する家庭用エネルギー効率化計画を背景に，他社も類似の方策を模索しているが，定額制という創造的な戦略を採用したのは，TXUが最初である。需要家の関心度は極めて高く，開始から1年後に同社のスタッフは3倍に増員された。英国では，冬場の凍死者発生は社会問題となっているが，その解決に寄与する点からも，「ステイ・ウォーム」は政府やマスコミから賞賛されている。

TXUは02年2月にコンサルを通して，エネルギー市場の全面自由化を提唱する報告書を公表した。報告書は料金低下とサービス改善の両面から，EU市場において，自由化をさらに推進すべき点を強調している。同社はこのような将来展望に基づき，買収による市場開拓を進めると同時に，地道な需要家サービスにも取り組んできた。エネルギー自由化が進行するに伴い，一般に大口需要家へのサービスが注目されがちであるが，TXUのように特定の小口需要家をターゲットに低料金サービスを定着させる手法も，企業評価を高める上で重要であろう。

第2節　配電・小売りビジネスの寡占化

　英国では2002年5月に大手発電会社イノジー（旧ナショナルパワー）がドイツ企業RWEの傘下に入り，7月にパワージェンがE.ONの傘下に入った。したがって，それぞれが保有する配電・小売り供給会社もドイツ系となっている。また，配電会社イースタンから発展してきた米国系のTXUが10月に撤退したが，その資産はパワージェンによって買収された。自由化直後には多数の米国企業が進出していたが，その後，英国を支配しているのは寡占化したドイツ企業である。

1　配電・小売り14社の所有

　図表4-1に示されるように，14地域の旧配電会社は2000年からライセンスによって，配電会社（上段）と小売り供給会社（下段）に区分されている。その所有者・親会社をみると，配電14社のうち5社が英国企業で，残る9社が外国企業である。同様に，小売り供給会社も5社が英国企業，9社が外国企業である。
　配電と小売り供給が同一の所有者によって一体化されているのは7社のみで，全体の半数しか存在しない。一体化されていない7ケースでは，配電と小売り供給がまったく異なる国の企業によって所有されているが，これは日本の実情と比較すると奇妙に映る。
　アメリカ企業は配電部門のみを所有し，単なる「ワイヤー・カンパニー」を目指している点が読みとれる。フランスEDFは，地理的にイン

第4章　全面自由化後の料金動向　～求められる値上げ対策～　　81

図表4-1　配電・小売り供給会社の所有関係（2002年10月）

旧配電会社名	1996/97年時点 上段：面積(平方キロ) 下段：需要家数(千軒)	企業名 上段：配電会社 下段：小売り供給会社	所有者／親会社	国籍
East Midlands	16,000	East Midlands Electricity	Powergen / E.ON	独
	2,300	Powergen UK	Powergen / E.ON	独
Eastern	20,300	EPN Distribution	LE Group / EDF	仏
	3,222	TXU UK	Powergen / E.ON	独
London	665	LPN	LE Group / EDF	仏
	1,969	London Electricity	LE Group / EDF	仏
Manweb	12,200	SP Manweb	Scottish Power	英
	1,371	Scottish Power Energy Retail	Scottish Power	英
Midlands	13,300	Aquila Networks	Aquila (79.9%)	米
			First Energy (20.1%)	米
	2,200	npower	Innogy / RWE	独
Northern	14,400	NEDL	Mid American	米
	1,442	npower Northern Supply	Innogy / RWE	独
NORWEB	12,500	United Utilities Electricity	United Utilities	英
	2,190	TXU UK	Powergen / E.ON	独
Scottish Power	22,950	SP Distribution	Scottish Power	英
	1,800	Scottish Power Energy Retail	Scottish Power	英
Scottish Hydro	54,390	S' H' E' Power Distribution	Scottish & Southern Energy	英
	640	SSE Energy Supply	Scottish & Southern Energy	英
SEEBOARD	8,200	SEEBOARD Power Networks	LE Group / EDF	仏
	2,071	SEEBOARD	LE Group / EDF	仏
Southern	16,900	S' E' Power Distribution	Scottish & Southern Energy	英
	2,622	SSE Energy Supply	Scottish & Southern Energy	英
SWALEC	11,800	Western Power Distribution	PPL	米
	970	SSE Energy Supply	Scottish & Southern Energy	英
South Western	14,400	Western Power Distribution	PPL	米
	1,308	London Electricity	LE Group / EDF	仏
Yorkshire	10,700	Y' E' Distribution	MidAmerican (94.75%)	米
			Xcel Energy (5.25%)	米
	2,060	npower Yorkshire Supply	Innogy / RWE	独

（資料）Electricity Association, OFFER資料に基づき作成。

グランド南東部を中心に業務を拡張しようとしている。ドイツ企業は，RWEとE.ONがともに小売り供給部門の取得に関心を示している点に特徴がある。

2　寡占5大グループの台頭

　14の配電会社のなかには独立的な企業も存在するが，小売り供給会社はすべて発電会社と垂直的に統合されている。図表4-1から主要な事業者は，次の5グループに分類できる。①パワージェン（E.ON），②イノジー（RWE），③LEグループ（EDF），④スコッティッシュ・パワー（SP），⑤スコッティッシュ・サザン・エナジー（SSE）。

　①と②は発電会社が配電・小売り供給部門を買収したタイプで，③は配電・小売り供給会社が発電部門へと拡大していったタイプである。④と⑤はスコットランドに拠点を置くグループで，日本と同様に自由化の流れのなかでアンバンドリングを適用されなかった。両社が英国企業として生き残っているのは，政府が特別に介入できる「黄金株」（ゴールデン・シェア）を保有していたという事情もある。その後，欧州委員会の方針に基づき，それは撤廃されることになった。

3　NETAと垂直統合の関係

　2001年3月から開始されている新電力取引協定（NETA）の下では，自由な電力取引が可能である。実際には，卸料金のリスクヘッジを行うために，各社とも発電と小売り供給を統合する方策を意識的に推進している。発電量と小売り供給量が一致していないと，インバランス決済で

不利益を被る点からも垂直統合は重視される傾向にある。

　全面自由化後は小売り供給エリアの持つ意味は希薄であるが，旧配電会社の小売り供給部門にはブランド価値があると考えられる。5大グループ以外に，特定のエリアを持たないセントリカが，ガスと電力の同時供給「デュアル・フュエル」によってシェアを伸ばすことに成功した。

　さらに，エジソン・ミッションやブリティッシュ・エナジー（BE）のように，小売り供給部門を持たない発電会社もみられる。揚水と石炭火力を運営している前者はピーク対応が可能であり，小売り部門がなくても大きな問題にならない。しかし，原子力専門の後者にとってはベースロードで長期契約の締結が望ましいが，自社の小売り部門がないので不利である。

　わが国の自由化では，送電部門の独立性と電力取引所の創設に関心が集まっているが，英国の経験は発電と小売り供給の垂直統合が重要であることを教えてくれる。

第3節　小売り自由化と販売戦略

　英国は1998年に小売り供給市場の全面自由化を実行した後，2001年に新電力取引協定（NETA）に基づき，取引所取引と相対取引を両立させる制度へ移行した。わが国では，2004年4月から500kW，05年4月から50kWというステップで，小売り自由化の範囲が段階的に拡張されたこともあり，特定の大口需要家の獲得に向けた営業活動が関心事となった。以下で，英国における競争の結果と当時の主要企業の戦略を紹介する。

1　激化する料金値下げ

　イングランド・ウェールズとスコットランドの小売り市場は旧配電会社のエリアで14地域に分けられる。既に，制度的に全面自由化が実現しているので，エリア区分に実質的な意味はないが，競争の実態をみる時には，この14地域が利用される。図表4-2から明らかなように，いずれの地域においても，新規参入者が既存企業よりも平均10～13％ほど割安

図表4-2　家庭用（3,300kWh/年）の年間支払額と値引率（2003年5月）

	銀行口座自動払い		現金・小切手		プリペイメント	
	既存企業（ポンド）	最大値引率（％）	既存企業（ポンド）	最大値引率（％）	既存企業（ポンド）	最大値引率（％）
イーストミッドランズ	226	10	236	7	244	10
イースタン	226	13	239	12	243	10
ロンドン	242	12	250	9	255	10
マンウェッブ	266	14	279	15	284	10
ミッドランズ	233	11	243	9	259	10
ノーザン	243	15	253	15	276	11
ノーウェッブ	234	12	242	9	258	10
スコッティッシュハイドロ	269	17	283	16	283	9
スコッティッシュパワー	277	16	291	16	294	9
シーボード	236	14	244	13	250	10
サザン	252	14	266	14	280	12
スワレック	276	11	291	9	306	12
スウェッブ	264	12	273	10	277	10
ヨークシャー	230	9	240	10	266	10
平均	248	13	259	12	270	10

（資料）　OFGEM

の料金を提示している。

　さらに,「デュアル・フュエル」と呼ばれる電気とガスのセット販売が,どの地域でも利用できる。これは特定企業との同時契約が個々の契約を結ぶより,かなり安くなる点で需要家から支持を得ている。年間の値引き額は,地域で異なるが70～100ポンドに達し,平均値引き率は14％になる。契約数でみると,ガス事業者であったセントリカが約50％を占め,圧倒的な力を持つ。

2　需要創出と社会貢献

　小売り市場において顧客に対して,以下のようなサービスを提供する方策が展開されている。

①　再生可能エネルギーを購入するメニューの充実。
②　通信料金とのディスカウント制度の設定。
③　保険,ローン,家電製品などの分野への進出。
④　低所得者層を対象としたサービスの重視。
⑤　点字や大きな活字体での請求書の作成。
⑥　地域の教育や福祉活動に対する支援。

　①～③は新たな需要創出を目指す戦略である。④～⑥は利益に直結するわけではないが,公益企業に期待される社会貢献に応えているとみなせる。

　各社はこれらのサービスを固有の名称の下で定着させようとしている。例えば,上記①に関しては,ナショナルパワー（NP）が「Juice」,④についてはパワージェン（PG）が「Staywarm」,⑤と⑥についてはロンドンエレクトリシティが「Priority Services Register」,「Helping

Hands Programme」という呼称をつけている。それぞれの企業は，ドイツのRWE，E.ON，フランスのEDFの傘下に入っているが，これらのサービスと独自の名称が企業イメージの向上につながっている面がある。

3 基本は地域密着経営

英国における各社の動向から，以下のような点がわが国へのインプリケーションとなるだろう。①地域独占が崩れた後に，新たな地域に進出したとしても，基本は地域密着型の販売活動を行うことである。②地方自治体や地元企業との密接な協力を要するケースが生じてくる。③環境や教育などの分野においては，非営利団体と提携関係を構築する必要性も高まってくる。④進出先での地域特性を考慮に入れた複合的経営を実行に移すことが求められる。

欧州事業者団体が，以下のような興味深い指摘をしている。自由化以降，料金競争が激化しているのは事実であるが，既存企業はブランド力の発揮を通して顧客満足に適うサービスを提供して，料金を維持すべきだという指摘である。新規参入者は料金引き下げで顧客争奪戦を展開するが，利益は大きくならない。それに対して，既存企業は確実に利益をあげ，継続的な投資を行う必要があるという論理である。

わが国では，まだ家庭用を含んだ全面自由化は実施されていないので，逆にこのような顧客を囲い込む各種の方策を講じることが難しいかもしれない。特に，特高・高圧需要家が料金低下だけに注目しているので，当面の課題は顧客離脱の防止に置かれているのも事実であろう。今後，電気・ガス・水道などの供給を一括して，バンドル化する戦略も1つの

選択肢になる。また，他業種とのアライアンスや複合経営によって，総合生活支援企業として行動することも可能である。地域密着経営を通したブランド確立戦略が，需要家からの信頼を得て，将来的に本業への投資継続の利益を生み出すことを軽視すべきではないと思われる。

第4節　自由化後の料金公平性

　2005年5月の英国議会・公共会計委員会において，電気・ガスのプリペイメント料金が高すぎるという問題が提起された。英国では，既に小売り市場の全面自由化が実現されているが，利用者保護の観点から，料金をめぐる公平性が確保されるべきであるという論調が残っている。自由化により戦略的な料金形成が可能になっているにもかかわらず，逆に外部からのチェックが強化される傾向もみられる。

1　料金格差の実情

　電気・ガスの利用者が小売り供給事業者を変更（スイッチング）できるように，消費者団体等によって地域別の料金表が公開されている。利用者はインターネットを通して，居住地域の郵便番号を指定すれば，事業者別の料金を即座に知ることができる。支払方法としては銀行口座自動払い，現金・小切手，プリペイメントの3種類があるが，プリペイメントは銀行口座自動払いよりも，全国平均で60ポンド（約12,000円）高いと算定されている。

図表4-3は、ロンドンにおける平均的(ミディアム)ユーザーの年間料金表である。電気代では、最高額300ポンド(プリペイメント)と最低額257ポンド(銀行口座自動払い)の間に、最大43ポンド(約8,600円)の開きがある。また、ガス代では、最高額524ポンド(プリペイメント)と最低額377ポンド(銀行口座自動払い)の差は、147ポンド(約29,000円)になる。同時供給契約(デュアル・フュエル)については、プリペイメントが設定されていない。

　プリペイメントにはメータ設置と維持管理にコストがかかるために、規制当局は他の支払方法よりも高くつくことを容認してきた。しかし、実際にはコスト以上の支払額が設定されていた可能性がある。プリペイ

図表4-3　ロンドンにおける平均的ユーザーの年間料金(2005年)

(単位:ポンド)

	ミディアム・ユーザー(年間消費量:3,300kWh)							
	電　気			ガ　ス			デュアル・フュエル	
	銀行口座自動払い	現金・小切手	プリペイメント	銀行口座自動払い	現金・小切手	プリペイメント	銀行口座自動払い	現金・小切手
Basic Power	257	270	292	−	−	−	−	−
British Gas	265	277	292	405	451	451	655	714
Countrywide Gas	−	−	−	416	437	524	−	−
London Energy	289	297	297	390	407	426	654	696
npower	268	279	300	392	402	446	629	671
Powergen	266	274	278	379	391	430	625	645
Scottish Power	269	293	297	390	405	405	649	687
Southern Electric/Scottish Hydro-Electric/SWALEC	261	275	264	377	399	398	638	674

(資料)　Energywatch

メント契約者がスイッチングすることは稀なので，銀行口座自動払い部門の料金競争激化による負担が転嫁される構造になっていた。この点が最大の問題と考えられる。

2　エネルギー困窮者

　電気で370万世帯（全体の約15％），ガスで200万世帯（全体の約10％）がプリペイメント・メータを設置している。プリペイメント支払は事業者側で料金未収を防止できる点と，利用者側でエネルギー支出を一定額に抑制できる点でメリットがある。メータ設置者の90％は自発的に申請を行い，85％は割高な料金を承知の上でも満足しているという小売り事業者連盟（Energy Retail Association）の調査結果があるが，それはやや偏った解釈と思われる。

　プリペイメント支払は学生や賃貸住宅居住者に活用されているが，エネルギー困窮者（フュエル・ポバティ）と切り離して考えることはできない。暖房用エネルギーに所得の10％以上を支出する家計が，エネルギー困窮者と定義されている。1997年に525万世帯だったその数は，225万世帯にまで低下したが，近年の小売り料金高騰により困窮者数は確実に増加しつつある。とりわけ高齢の独居老人が該当するために，社会福祉の観点から政策対応が求められている。

3　政府による対応

　事業者は高齢者や低所得者層に対する救済措置を多様なメニューに基づき提供しているが，一定の条件を満たさないとその適用は受けられな

い。他方，政府は次のような救済策を推進している。①冬季燃料支払支援（Winter Fuel Payment），②寒冷期支払支援（Cold Weather Payments），③燃料費控除支援（Fuel Direct），④家屋改修支援（Warm Front），⑤特定地域支援（Warm Zones）など。英国では全面自由化に移行した後にも，これらの方策を通して特定の顧客層に対して，多額の公的資金が投入されているという事実がある。

わが国では，プリペイメント・メータが導入されていないので，同様の問題が発生し，政府主導の救済措置が必要になるとは考えにくいが，顧客層別に異なるメニューで料金を提示する時に，公平性という課題に直面する可能性はある。自由化範囲の拡大にあわせて，事業者は料金設定と公平性維持のバランスをとることが重要になってくる。

利用者は自由化の下で，小売り事業者との契約時に賢明な選択をしなければならないが，誰もが的確な判断を行えるわけではない。同じ公益事業でも通信や航空ではディスカウント料金を享受できる層と，できない層に二分される現象が起きている。しかし，エネルギー分野ではそのような状況は避けるべきであろう。政府による小売り料金についての監視が必要になるが，まず料金競争が市場全体にどのような影響を及ぼすのかを見極めることが先決であろう。

第5節 小売り自由化とスイッチング

英国では自由化から15年が過ぎた2005年4月に，イングランド・ウェールズとスコットランドの電力システムが統一され，ブリテン島全体で

広域市場が実現された。このBETTAへの移行から1年が経過した06年において，一元化された系統運用者の下で競争が進展し，料金低下による好影響が期待されたが，実際には料金は上昇傾向を示している。以下で，需要家の選択行動も含めて，現実の動向を調べてみる。

1 自由化後の寡占状態

電力市場では，小売り自由化が導入された1990年から参入者が徐々に増加し，全面自由化の実現された99年以降に，その割合はますます高まっている。注意を要するのは「参入者」がまったく新たな事業者ではなく，ガス会社と地域外から参入した既存企業をさしている点である。つまり，地元供給事業者と契約していた顧客が離脱して，他社にスイッチングすることで競争が機能している。

自由化当初のスイッチングは15～20％程度であったが，2005年9月段階では47％にまで達した。ガス小売り市場においても，スイッチング比率は電力と同程度である。事業者数でみると自由化前は14社であったが，その後，図表4-4から明らかなように6社寡占が形成されている。これら6社はすべて自己の電源を保有する小売り事業者で，発電と販売の数量バランスをとりやすい環境にある。

セントリカ（BGT）はもともとガス専門会社であったので，特定の電力小売りエリアを持っているわけではないが，デュアル・フュエルで最も成功していることで知られる。他の5社はそれぞれ複数のエリアを基盤としながら，全国レベルで営業を展開している。これまでは寡占状況においても，需要家は電力とガスを同一事業者から購入するデュアル・フュエル契約によって，ディスカウントの利益を享受できる状況にあった。

図表4-4 電力小売り市場シェア（2002年〜05年）

（単位：％）

	2002年12月	2003年6月	2003年12月	2004年6月	2004年12月	2005年6月	2005年9月
BGT	22	23	24	24	23	22	22
Powergen	22	22	21	21	21	21	20
SSE	13	14	14	15	15	16	16
npower	16	16	15	15	15	15	15
EDF Energy	15	15	14	14	13	13	13
ScottishPower	10	10	11	12	13	13	13
その他	0	1	1	0	0	1	1

（資料）OFGEM, *Domestic Retail Market Report – September 2005*, 2006.

2　スイッチングの詳細

　規制機関であるガス電力規制庁（OFGEM）の調査によると，需要家のスイッチング回数は，88％が2回までであり，3回以上動いた需要家はほとんどいない。スイッチングに至った理由としては，従来の事業者の料金が高かったからという指摘が多い。次に，営業スタッフとのコンタクトによって決めたというケースも少なくない。86％の需要家は，スイッチング後にデュアル・フュエルを選択している。

　料金比較の情報源については，68％が営業スタッフやインターネットから入手しているのが実情である。新聞，郵便，テレビからは意外に低く，合計でも30％に至らない。インターネットが利用されている背景には，料金監視機関であるenergywatchの存在と10社以上に及ぶサービス・プロバイダーの影響があげられる。サービス・プロバイダーは特定の事業者に有利な情報を流すことを禁じられているので，公平な条件の下で

需要家が事業者を選択できる。

　家庭用需要家はパソコンから郵便番号を入れて簡単な質問に答えれば，最も低料金の事業者を即座に探し出せる。以前は，戸別訪問時の欺瞞的な行為が問題となったが，近年は監視機関と仲介業者がそのような行為を防止する役割をも果たしている。だが，大口需要家に対する情報はあまり多くない。産業用でも柔軟なスイッチングを実現するためには，料金に関する情報の公開が望まれる。

3　強まる料金上昇傾向

　電力小売り料金は，2003年までは低下傾向を維持してきた。しかし，04年以降は上昇傾向をたどっている。大手6社のうちスコッティッシュ・サザン・エナジー（SSE），エヌパワー，スコッティッシュ・パワー（SP）が06年1月に，それぞれ12％，12％，8％の値上げをした。3月に入ってから，セントリカ（BGT）が22％，パワージェン（PG）が18.4％，EDFエナジーが4.7％の値上げに踏み切ったため，全社が値上げしたことになる。さらに，エヌパワーが再度，13.4％の値上げをすることも決まっている。

　以上のように，小売り市場の自由化の下で，地域外からの参入者がシェアを獲得し，顧客が既存事業者から離脱し，契約をスイッチングしているのは事実である。しかし，当初低下していた料金は，その後，上昇に転じている。すべての事業者が，燃料価格高騰に伴って料金引き上げは避けられないと判断したのである。「自由化が適用されれば，料金が低下し続ける」という論理が幻想にすぎないことが明らかになってきた。今後は，企業側に一層のコスト削減努力が求められると同時に，料金ボ

ラティリティを回避する措置が不可欠と考えられる。

第6節 自由化の成功を支える規制当局

　エネルギー規制当局であるOFGEMは，電力・ガスの小売り供給市場におけるスイッチングに関するデータを2008年4月に公表した。その件数は年々増加しているので，自由化は成功しているとみられる。需要家は，電力とガスを同じ事業者から買うデュアル・フュエルにより割安料金を享受してきたが，近年はすべての事業者が値上げに踏み切っている。そのような状況下で，規制当局が独禁政策を重視している点を紹介する。

1　高いスイッチング率

　2007年の電力（全需要家2,600万）のスイッチングは515万件，ガス（全需要家2,150万）のそれは398万件であった。これは過去最高の記録である。全面自由化が開始されてからの件数を正確に把握することは難しいが，Accent社による調査では電力47％，ガス46％とされる。また，Datamonitor社からは80％に達するとの結果も出されている。

　需要家の多くはデュアル・フュエルに切り替えるが，その比率は全体の33％に達する。それに対して，格安料金を求めるオンライン契約やグリーンな電源を好む需要家も現れているため，電力とガスを別々に購入するシングル・フュエルも少なくない。現実には，図表4-5の通り，燃料費高騰により料金は上昇し，自由化以前の水準に戻ってしまった。各

図表4-5　標準支払い方法による年間料金

(単位：ポンド)

年	電力（3月時点）		ガス（6月時点）	
	既存事業者	新規参入者	既存事業者	新規参入者
1986	−	−	631	−
1990	402	−	545	−
1994	418	−	485	−
1998	335	−	428	−
2002	304	267	434	360
2006	387	345	655	551
2007	406	357	568	531

(資料) OFGEM, *Domestic Retail Market Report*, 2007.

事業者は，将来の料金を固定する保証付き商品を売り出すことで，顧客獲得を図っている。

2　支配的地位の違法性

　OFGEMは2008年4月8日に，スコッティッシュ・パワー（SP）とスコッティッシュ・サザン・エナジー（SSE）の2社について，支配的地位濫用の疑いがあるとして独禁政策に基づく調査を開始した。両社は通常，発電した20％をイングランドへ送っているが，07年9月に多数の発電設備を停止させ，イングランドとの連系線に混雑状況を発生させた。結果的に，卸料金が約18倍になり，ナショナル・グリッドが過大な支払いを強いられた。

　この事態が両社の故意によるものなのか，垂直統合企業の支配的地位に基づくものであるのかが争点となる。これから詳細が明らかにされる

が，違法と認められた場合には，売上高の10％の罰金が科される。07年の売上高はSPで138億ポンド，SSEで119億ポンドであるので，罰金額は両社で25億7,000万ポンドにものぼることになる。

3 メータ市場も対象に

別の案件として2008年2月25日に遡るが，OFGEMはナショナル・グリッド（NG）に4,160万ポンドの罰金支払いを命じている。同社は大手小売り供給事業者6社中の5社と，家庭用ガスメータの供給とメンテナンスについて，長期的な契約を結んでいたが，小売り供給事業者が一定数以上のメータを取り換えると，NGにペナルティを支払わなければならない内容を含んでいた。

メータ市場が自由化されているにもかかわらず，小売り供給事業者の新型メータへの移行を妨げたのは，NGが支配的地位を濫用したからと判断された。小売り事業者が他社から安価なメータを購入する機会を失い，小売り料金が引き下げられなかった点が指摘された。このようにメータ市場の競争を阻害し，ひいては最終需要家の利益を損なった点から，罰金が科されることになった。

自由化によって料金が永続的に低下するわけではなく，外的要因によって上昇することもあり得る。しかし，企業内部の非効率性や反競争的な行為で引き上げられることは防止すべきである。英国の規制当局はスイッチングのみならず，料金面に着目して需要家サイドに立った政策を遂行している。

第7節 小売り料金値上げの背景

　英国では，2011年夏，電気・ガス業界のビッグ6が図表4-6の通り，小売り料金の大幅値上げを発表した。標準家庭の使用量（電気3,300kWh，ガス16,500kWh）でみると，税込年間支払額（銀行口座決済，全国平均）は電気代479ポンド，ガス代728ポンド，デュアル・フュエル（同時供給契約）1,194ポンドとなる。これらの金額は10年前の料金と比較すると2倍に相当する。

図表4-6　小売り料金の値上げ率（2011年）

ビッグ6	電気（%）	ガス（%）	実施日
British Gas	16.0	18.0	8/18
EDF	4.5	15.4	11/10
E.ON	11.4	18.1	9/13
npower	7.2	15.7	10/1
SP	10.0	19.0	8/1
SSE	11.0	18.0	9/14

1　ガス価格の不安定化

　北海油田の枯渇によりガス生産は2000年をピークに減少し，04年には純輸入国に転じたため，価格は不安定化している。小売り事業者の費用内訳は以下の通り，卸部門の比率が高い。電気では卸・営業費用・利益

63％，送電4％，配電17％，計量1％，税金5％，環境費用10％。ガスでは卸・営業費用・利益64％，高圧輸送3％，低圧輸送21％，計量2％，税金5％，環境費用4％。さらに，発電量の構成比は，原子力16％，石炭28％に対してガスは47％もあり，影響が大きい。

卸・営業費用と利益が区分されていないので，安易な値上げは認めがたいが，2008年に電気・ガスのどちらについても，ビッグ6の平均小売り料金が卸費用を下回る逆ザヤ現象に陥ったのも事実である。今回の値上げの背景には，業界の直面する不確実性についての各社の悲観的な判断があった。とりわけ，わが国の原子力発電の稼働率低下によるガス火力へのシフト，リビア情勢の悪化に伴う原油の高騰などから，将来リスクをカバーすることが狙われたものと解釈できる。

2　料金上昇への効果的対応

送配電・輸送部門は料金規制が加えられているのに対して，小売り料金については規制がないので，本来は競争圧力で下がるべきである。エネルギー市場の規制当局であるOFGEMは競争を促す観点から，新たな措置を検討している。1つは，発電市場もビッグ6の寡占となっている点から，発電量の20％を強制的にオークションにかける方策であり，もう1つは，卸部門の費用低下を即座に反映できるように，小売り料金の設定方法を簡素化する措置である。

消費者団体は二重窓や断熱材，ボイラー交換などにより，エネルギーの効率的使用を提唱しているが，低所得者層にとっては負担増となる。所得に占める電気・ガス代の比率の高いエネルギー困窮者が，冬場に凍死するのは例年のことである。既にメディア報道で，厚手の服を着るよ

うに，という忠告がみられる。皮肉なことに，英国には電源はあるが，支払いのできない需要家が増えている。冬季にショッピングセンターや公共施設に人々が集まるのは，このような事情によるものだ。

　わが国では東日本大震災以降，原子力損害賠償支援機構の業務開始と，原子力規制機関の再編が政策的に優先されてきた。現在，発送電分離や料金規制の見直しも提案されているが，所有上の分離と小売り料金自由化を採用した英国で，家庭用料金が以前の2倍になった点を軽視すべきではない。

　OFGEMは他省庁や他国組織，消費者団体などと協力して，洋上風力の普及や卸市場の流動性改善，国際連系線の強化，透明性の確保された料金設定など，多面的な政策を追求している。英国から学ぶべき点は，規制当局が業界を取り巻く環境変化に機敏に対応し，利用者保護の視点から制度改革を継続している点である。

第5章

環境ビジネスの成長
～低炭素社会実現に向けて～

Energy Watch

第1節　自由化後の問題解決策

　英国では、2003年11月26日に行われた女王陛下による施政方針演説を受けて、同28日にエネルギー法案（Energy Bill）が公表された。この法案は04年7月に承認され、05年4月から発効した。全体は本文と附則で260頁にも及ぶが、自由化を始動させてから生じてきた複数の諸問題に対する解決策を提示している点に特徴がある。以下で、主要内容について紹介する。

1　原子力の公的管理を強化

　原子力設備の廃炉・除染を専門とする公的機関を設置する計画は、2002年7月の政府白書で既に提案されていた。1年以上が経過して、ようやくこの法案において、正式に公的な組織として、原子力廃止措置局（NDA）の創設が明確にされた。本文の半分以上が原子力産業についての規定となっている点から、実は法案の主旨がNDA設立を中心に、「原子力政策をめぐる法的整備」に置かれていることがわかる。

　NDAは7人以上、13人以下で構成される。移管された原子力設備の管理や廃炉・除染のほか、廃棄物の取り扱い、貯蔵、輸送、処理に関して責任を持つ。更に、廃炉・除染の研究開発、専門家の養成、情報の提供、立地地域の支援などの任務も果たさなければならない。保安・安全面については、NDAとは異なる組織として、民間原子力警察局（CNPA）を設立することが提案された。

このように法案の公表によって，原子力の公的管理は確実になった。破綻したブリティッシュ・エナジー（BE）の設備や子会社の取得に必要な支出に関しては，政府が負担する点が法案のなかで示された。この点については，批判される可能性もある。さらに，同法案と合わせて，貿易産業省（DTI）から原子力設備の廃炉政策に関する討議書が公表され，国民からの意見も聴取した上で，最終的な内容が確定されることになった。

2　再生可能エネルギーの支援体制

政府は再生可能エネルギーの比率を2010年までに10％に引き上げ，20年には倍増させる計画を明らかにした。風力発電が有力視されている実情から，英国の領海を越えて沖合の開発を促進する方向性が法案で示された。これは再生可能エネルギー・ゾーン（REZ）という構想であるが，海洋環境などの点からも今後，議論になるであろう。

イングランド・ウェールズにおいては，03年4月から小売り事業者に再生可能エネルギーの購入義務が課されることになった。法案では，北アイルランドの再生可能エネルギー普及の制度についても整備する必要性を指摘している。現実には事業者の産業組織が異なるだけでなく，規制機関が別の組織になっているために，調和を図るには時間を要すると思われる。

3　エネルギー規制の改善策

自由化後のエネルギー規制に関して，法案で以下のような改善策が示

された。第1に，イングランド・ウェールズとスコットランドの市場を統合する電力取引市場の広域化制度（BETTA）の確立である。第2に，電力とガスの連系線について，ライセンス制を導入する計画である。第3に，倒産企業の救済策として，特別な財産管理措置の規定が含まれている。

　注目すべきは最後の点であろう。エネルギー・ネットワークのインフラ保有会社が倒産に陥った時に，これまでの法律では迅速な対応ができないという問題を抱えていた。対象となるのは，送電線とガス導管を所有するナショナル・グリッド・トランスコの他，イングランド・ウェールズの配電会社とスコットランドの電力2社である。貿易産業省とガス電力規制庁は，鉄道法や水道法と同様に倒産企業の管財人を認め，即座にサービス停止を回避することが重要であると考えている。

　以上のように，エネルギー法案は自由化を実行するプロセスで生じた矛盾や障壁を，規制方法の見直し，あるいは公的システムの構築によって補正しようとしている。他国においても小売り自由化の範囲が拡張されるに伴い，類似した問題に直面することは予想される。自由化を超えたエネルギー政策というレベルで，次のステップに向けた制度設計に着手しなければならない時期に来ているのではないだろうか。

第2節　ヴァージン・グループの環境ビジネス進出

　「20世紀最後の風雲児」との異名を持つリチャード・ブランソンの率いるヴァージン・グループが，積極的に環境ビジネスに投資しているこ

とが注目を集めている。音楽，航空，旅行，携帯，宇宙飛行など，常に時代をリードする新しいマーケットを開拓してきた英国の実業家が，環境重視の立場からエネルギー部門にも参入してきた点を紹介する。

1 航空分野での取り組み

ブランソンは2006年9月に航空部門において環境保護のために，10年間で30億ドルを投資することを発表した。自ら創設したヴァージン・アトランティック航空が中心となり，ライバル企業である英国航空，アメリカン航空，イージージェットに加え，メーカーであるロールス・ロイス，ボーイングの他，空港運営会社のBAAと協力して，気候変動問題の解決に向けて具体的な行動を起こす必要があることを明らかにした。

例えば，離陸前のエンジン稼働時間の短縮や，着陸時の運航技術の改善によって，CO_2排出量を削減できる点に注目している。さらに，飛行機本体へのペインティングや非常用酸素ボンベの材質変更によっても，燃費向上が実現できる点を指摘する。業界全体で実行することができれば，2年間で排出量は25％も低減すると考えられている。

2 エタノール生産に投資

同年9月に新設された子会社ヴァージン・フューエルは，カリフォルニアのベンチャー企業であるシリオンに，3年間で4億ドルの投資を行うことを決定した。シリオンは同年6月に，カリフォルニア最大の穀物会社ウェスタン・ミリングと，ベンチャー・キャピタル会社コースラ・ベンチャーズによって設立された穀物エタノール生産会社である。年間

5,500万ガロンの能力を持つ標準化された設備を，2008年までに8基そろえ，総量で4億4,000万ガロンを生産する計画を持っている。

この計画は州内で消費するバイオ燃料の自給率を10年までに20％，20年までに40％へと引き上げる目標を掲げているカリフォルニア州知事の指令に適うものである。シリオン関係者によると，技術革新に基づき従来のミッドウェスト地域で生産されるエタノールよりもコストを下げることができ，生産が軌道に乗ればバーレルあたり40ドルの石油と対抗できるだけの競争力を備えることになる。

3 ブランソンの革新経営

ヴァージン・フューエルはバイオ・エタノールから参入したが，今後は風力や波力にまで拡張する意欲を示している。長期的には原子力も視野に入れながら，地球温暖化の防止に寄与する技術を商業的に採算のとれるレベルにすることを狙っている。冒険家でもあるブランソンは，常にチャレンジ精神で多角化を進め，スピード感のある経営を行ってきたので，今後も電撃的な戦略を展開する可能性は高いと思われる。

同社は音楽と航空で培ってきたブランド力を基礎に，シェルやエクソン・モービルに匹敵するエネルギー部門のジャイアントになるとの予測もある。欧州内での既存大手企業のM&Aが，異常に「高い買い物」であると言われているなかで，ヴァージン・フューエルの選択したシリオン支配は堅実な投資かもしれない。今後，エネルギー・ビジネスをどのような形で展開するかが見所である。

第3節 炭素回収貯留技術プロジェクト

　英国の原子力発電会社ブリティッシュ・エナジー（BE）の株式がフランス電力会社EDFに取得されることが，2008年9月末に決まった。他国企業の関与には抵抗もあるが，EDFが原子力に強いという点から，この決定は妥当であると評価されている。しかし，この買収で原子力を取り巻く条件が，即座に改善されるわけではない。原油価格の高騰と天然ガスの逼迫，風力の限界を考慮すると，石炭も有力な選択肢になる。ただし，環境面から炭素回収貯留技術（CCS）の確立が不可欠である。以下で，CCSをめぐる背景や実態を探ってみる。

1　炭素回収貯留技術導入の背景

　欧州では温室効果ガスの排出量を，2020年までに20％削減するという目標に向けて，CCSを推進しなければならない状況にある。欧州委員会は「化石燃料からの持続可能な発電」について検討してきたが，07年，次のような見解を明らかにした。①石炭はエネルギー供給の重要な役割を担い，環境問題はCCSによって解決できる。②CCSを発展させるためには，法的な規制の枠組みが必要となる。③大規模発電所において，CCSの実現が求められる。④CCSにより石炭火力は，20年頃には経済的に運転できるようになる。⑤持続可能な技術を確立すれば，他国に輸出する機会を生み出すことができる。

　今後の方向性については，以下の通りである。①CCS技術を装備した

発電所を15年までに建設し，20年にはその経済性や実行可能性についての結論を出す。②CCS技術を導入する発電所には，追加的な投資や経常的な費用が必要となるので，公的資金を補助する。③20年以降にCCSを普及させるための準備措置として，研究段階における一連の情報を公表する。しかし，実際にはアメリカやオーストラリアも既に着手しているので，競争に打ち勝つためには15年頃には実現すべきと考えられている。

2　先行するドイツ

　欧州では英国，ドイツ，オランダ，北欧などでCCS設備を建設するプロジェクトがある。発電に占める石炭比率の高いポーランドやチェコでも計画はあるが，比率の低いフランスでは特にみられない。英国とドイツにおける具体的な動きについては，図表5-1の通りである。とりわけ，E.ONとRWEが両国において積極的に取り組む姿勢を示していることがわかる。

　08年9月，ドイツの炭鉱都市シュプレムベルグで，バッテンフォールの着工した小規模なCCS設備が注目を集めた。同社は，もともとスウェーデン企業であるが，2000年～02年にハンブルグやベルリンの電力会社を買収している。まだ実験レベルであるが，独自の資金で技術開発を進めている点で意欲的である。マスコミは「世界初のCCS設備」，「CCSの競争でドイツとスウェーデンが英国を追い抜いた」などのニュースを流した。

　英国政府は，スタート地点で出遅れることのないように，可能な限り早急に技術を確立したい意向である。過去に，政府は風力を中心とした再生可能エネルギーの促進に力を注いできた。その管轄は貿易産業省

図表5-1　英独の大規模CCSプロジェクト

	企業名	立地点	規模（MW）	実施年
英国	Progressive Energy	Teeside	800	2009
	Powerfuel	Hatfield	900	2010
	E.ON UK	Killingholme	450	2011
	Scottish & Southern Energy	Ferrybridge	500	2011
	ConocoPhillips	Immingham	1,180	2012
	RWE	Tilbury	1,600	2013
	E.ON UK	Kingsnorth	1,600	2015
ドイツ	Siemens	Spreetal	1,000	2011
	Vattenfall	Schwarze Pumpe	300～600	2012
	BASF	Ludwigshaften	1,000～1,500	2012
	E.ON	－	400	2014
	RWE	－	450	2014

（資料）欧州委員会資料に基づき作成。

（DTI）とビジネス・企業・規制改革省（DBERR）であった。08年10月初めに，政府は新しくエネルギー・気候変動省（DECC）を発足させることを公表した。この変更は，低炭素社会への移行を本格化させることを決意表明したものと理解してよいであろう。

第4節　炭素回収貯留技術の開発競争

1　技術開発競争の促進

　政治的な理由から不安定性の増す原油・ガスとは対照的に，石炭火力と炭素回収貯留技術（CCS）が世界的に注目を集めている。2050年に1990年比で80％の炭素排出量を削減する目標を掲げている英国では，民間企業の技術開発に基づきCCSを推進する方針が採用された。14年に稼働できる400MWの設備を対象に事業者が公募され，08年3月に政府の資格審査によりBPオルタナティブ・エナジー・インターナショナル，E.ON UK，ピール・パワー，スコッティッシュ・パワー・ジェネレーションの4社が選ばれた。

　09年中に最終的な事業者が確定され，10億ポンドの公的支援が与えられることになっていたが，08年末に2つの大きな変化がみられた。1つは予定していたBPオルタナティブ・エナジーが早々に撤退したことであり，もう1つは候補に入っていなかった大手エネルギー事業者であるRWEエヌ・パワーが買収を通して，CCSの開発競争に関与する決断を下したことである。それぞれどのような思惑から戦略を展開しているのかを探ってみる。

2　BPオルタナティブ・エナジー撤退の背景

　BPオルタナティブ・エナジーは，再生可能エネルギーを中心とする

ビジネスを展開している。同社はCCS開発競争の候補として認められたが，パートナーとなる発電事業者を見出せなかったので，08年11月に撤退を決定した。さらに，同社はケント地方で進めていた風力発電6基の計画についても中止している。米国における数百基に及ぶプロジェクトと比較すると，メリットが大きくないと判断したからである。イングランド北部のハルに建設されているバイオエタノール施設だけは，運輸市場からの需要があるので，継続される見通しである。

BPオルタナティブ・エナジーは13年までに，再生可能エネルギーに80億ドルを投資する計画であるが，重点的な投資先は米国になる。英国政府は08年秋，エネルギー・気候変動省（DECC）を新設したばかりであり，低炭素社会実現に意欲的に取り組もうとしているところであった。それだけに，自国企業からの敬遠は大きな打撃である。しかし，残された3社への期待もあり，このBPオルタナティブ・エナジーによる決定がCCSの開発競争に悪影響を及ぼすことはないとの見解を明らかにしている。

3 競争と協調の模索

ピール・パワーはCCSを推進する目的から，英国のピール・ホールディングスとデンマークのDONGエナジーとの共同出資で設立された企業である。ピール・ホールディングスの歴史は，1920年代の紡績業まで遡るが，現在の業務はショッピングセンター，不動産，空港，港湾の4部門に分けられる。不動産部門に属すピール・エナジーの下で，風力やバイオマスの開発が進められている。同社は2007年に，石炭公社の後継会社であるUK Coalの株式27％を取得し，炭鉱地域をウィンド・ファーム

に転換するビジネスにも乗り出した。

　CCS分野で実績を持っているのはDONGエナジーである。特に，デンマーク・エスバーグ発電所内にある炭素回収の実験施設は，欧州最大の規模を誇っている。ドイツ企業の子会社であるRWEエヌ・パワーは，開発競争から除外されたが，既にディドコット発電所で炭素回収を行っている。さらに，ウェールズにもCCS実験施設を建設し，10年に完成させることが公表された。同社は国内での開発競争に本格的に参画するために，08年12月にピール・エナジーの株式75％を取得するに至った。

　E.ON UKの親会社もドイツ企業であり，スコッティッシュ・パワー・ジェネレーションもスペインのイベルドローラの傘下にある。英国政府は企業間の技術開発競争を促すことにより，CCSの実現を図ろうとしているが，実際には国際的な企業の協力によって多様な実験が試みられている。現段階ではエネルギー各社は，風力などの再生可能エネルギーとのバランスを考えながら，CCSの投資機会を探っているのが実情である。

第5節　環境対応車普及のための支援策

　低炭素社会の実現に向けて，世界的に電気自動車，プラグイン・ハイブリッド車の実用化が課題となっている。2009年4月，英国はドライバーに旧型車から新型車への乗り換えを促す公的支援策を発表し，CO_2削減に積極的に取り組んでいる点をアピールした。具体的には，首相から新車購入時に2,000ポンドの補助金を支出する計画が示された。さらに，ロンドン市長から，市内25,000ヵ所に充電施設を整備する点も明らかに

された。これらの背景には，米国オバマ政権のグリーン・ニューディールとビッグスリー再生策に対抗する意図もうかがえる。

1　削減努力と需要喚起

　英国はCO_2排出量を2050年までに，1990年比で80％削減するという壮大な目標を掲げている。排出量の比率を部門別でみると，エネルギー36％，道路輸送20％，製造・建設業14％，住宅13％，道路以外の輸送9％，その他8％となる。さらに，道路輸送の内訳は乗用車57％，大型トラック21％，ライトバン17％，バス4％，その他1％となっている。乗用車（新車）の排出量平均値は，図表5-2のように1997年の189.8g/kmから2008年の158.0 g/kmまで年々，低下傾向を示してきた。

　電気自動車はゼロ・エミッションを達成できる点で理想的であるが，現段階では走行距離とスピード，充電時間の点でまだ十分とは言えない。さらに，価格についても，一般家庭が購入するには高すぎるレベルにある。政府は2億5,000万ポンドの補助金を準備し，個別に2,000ポンドを充てる計画だが，それは単純計算で12万5,000台分に相当する。2007年の新車登録が240万台，実際の保有台数が3,000万台という事実との比較から，補助金効果を疑問視する声もあるが，初期段階において購入意欲を刺激するという点では大きな弾みになるであろう。

2　公共充電施設の拡充

　優遇措置として道路税やロンドン中心部で課される混雑税の免除，パーキングの無料化が適用される。自治体では既に，ウェストミンスター

第5章　環境ビジネスの成長　〜低炭素社会実現に向けて〜　115

図表5-2　英国新車平均CO_2排出量の推移（1997年〜2008年）

(g/km)

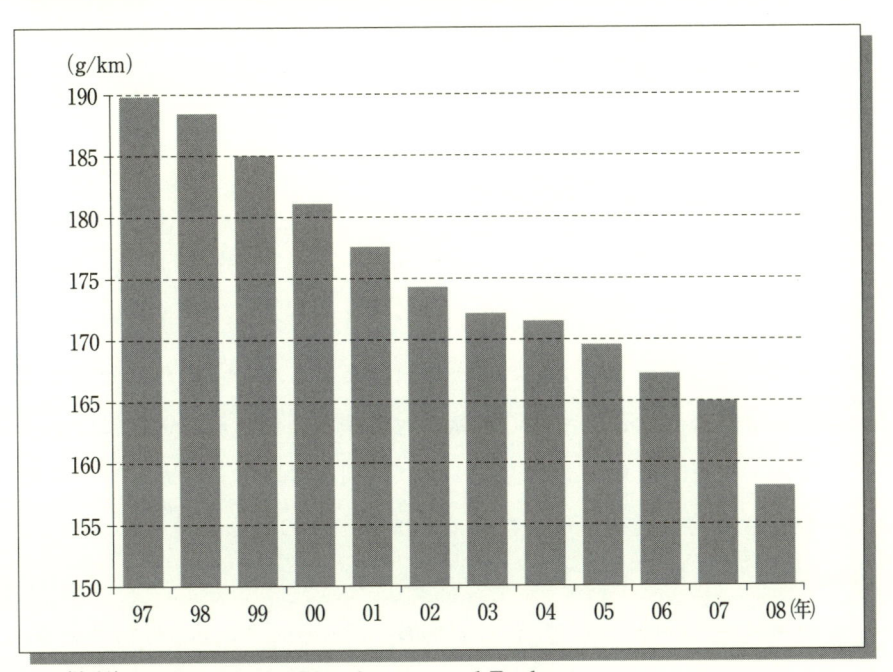

（資料）Society of Motor Manufacturers and Traders

地区が充電施設の利用実験に入っているが，市長の意思表明に基づき，施設整備が一段と進むことになる。コベントリー，リバプール，リーズ，グラスゴーなどの地方都市では，ライトバンを対象とした実験が開始される計画である。トラックよりも1回あたりの走行距離が短いバンタイプについては，電気自動車への移行が期待されている。

トヨタは2008年から，EDFエナジーとの協力により，ロンドン市内でプラグイン・ハイブリッド車プリウスの公道実証試験を開始している。充電施設が送電網に与える影響も懸念されるが，ジャガー・ランドローバーやE.ONなどが参加したプロジェクト報告では，技術的に大きな問

題はないという結論が導き出された。かつて，排気ガスで批判されたロンドンであるが，12年のオリンピックの開催に照準を合わせ，環境都市にふさわしい姿を追求している。

3 カギとなる連携強化

　プラグイン・ハイブリッド車が国民に広く利用されるためには，電力会社の支援は不可欠となる。低炭素化という観点から，原子力や再生可能エネルギーの電源が望ましいことは言うまでもない。また，充電施設の設置には配電会社と自治体の柔軟な対応が求められる。送電に関して最新鋭のスマートグリッドが実現すれば，利用者は電気とガソリンの間で極めて合理的な選択が可能になる。関係主体の緊密な連携によって，実用化までの時間を短縮することができる。

　英国政府は早期導入のために，運輸省，ビジネス・企業・規制改革省，イノベーション・大学・職業技能省が組織の壁を越えて協力している。09年4月に公表された報告書「英国の超低炭素自動車」は，共同作業の成果物である。そのなかで研究開発のみならず，労働者の訓練や教育に対する補助金の重要性が強調され，具体的な金額も明示された。単にCO_2削減の技術競争に終わらせるのではなく，金融不安後の不況打開策として雇用創出を実現する上でも，プラグイン・ハイブリッド車の定着は急務と考えられている。

第6節 低炭素化進めるインフラ計画

1 重要インフラの指定

　わが国では，民主党政権が実施した「事業仕分け」により，ダム建設など多くの公共工事が，遅延や中断に至る可能性が出てきた。過去の需要予測とコスト計算が甘かったことに加え，計画遂行の拙さも批判されている。それとは対照的に，英国では自由化後に低炭素社会を構築する観点から，社会インフラを遅滞なく整備しようとする動きがみられる。

　英国は公的に不可欠なインフラを円滑に建設する目的から，2008年計画法（Planning Act）という法律を制定した。重要インフラには発電所，送電線，ガス地下貯蔵施設，LNG施設，ガス・パイプラインが含まれる。さらに，高速道路，空港，港湾，鉄道網の他，ダム，貯水池，上水道，下水処理，危険物処理施設も対象になる。同法は専門機関による迅速な決定や地方自治体への情報開示の手続きを明確化している。

2 独立組織による審査

　法律に基づき創設が認められた「インフラ計画委員会」（IPC）は，個別の計画について，実行すべきか否かの妥当性を客観的に判断する。IPCは委員長と委員40名，スタッフ80名から構成される。コミュニティ・地方政府省から資金を受けるが，政策立案者である省庁から独立しているところに特徴がある。個別案件は申請受理1カ月，事前審査3カ月，

本審査6カ月，最終決定3カ月の手続きを経た上で，着工が認められる。

　各省庁によって分野ごとに，「国家政策に関する見解」が策定され，そこで一定のプライオリティが提示される。IPCはそれを参考にしながら，不要なインフラ計画を排除すると同時に，公益性に適った社会インフラを選び出す。09年10月から業務を開始したところであるが，インフラ整備を円滑に進める点で，その役割が期待されている。申請中の電力インフラ計画は，図表5-3の通りである。

図表5-3　　電力インフラ計画（2009年）

部門	企業名	立地点
原子力	EDF	Hinkley Point, Somerset
	EDF	Sizewell, Suffolk
	Horizon	Oldbury, Gloucestershire
	Horizon	Wylfa, Anglesey
風力	Airtricity	Nant-y-Moch, Ceredigion
	Centrica Energy	Irish Sea
	RES UK and Ireland	Llanllwni, Carmarthenshire
	RWE Innogy	Brechfa, Camarthenshire
	RWE Innogy	Lincolnshire Coast
	RWE NP Renewables	Bristol Channel
	RWE NP Renewables	Clocaenog, Denbighshire
	Scot. Power Renewables	Dyfnant Forest, Powys
送電線	National Grid	Bramford to Twinstead
	National Grid	Bridgwater to Seabank

（資料）Infrastructure Planning Commission

3 低炭素社会の実現へ

　2050年までにCO_2の80％削減を目指している英国は，09年秋，低炭素化に関する詳細な討議書を公表した。それに対する意見書は，翌10年2月まで受け付けられた。目標値を達成するためには，火力発電所を閉鎖して原子力や再生可能エネルギーへの移行が急がれる。原子力については，既に10カ所の新規建設の候補地が選定された。新たに制定された計画法を通して，低炭素化に寄与する民間企業の投資計画を支援しようとする政府の強い意欲が感じられる。

　金融危機による影響と原油価格の不安定性のために，世界的にエネルギー企業の設備投資は沈滞化している。しかし，マクロ経済全体からは，今後も原子力とスマートグリッドに十分な投資を行うことが求められる。実際には，風力や太陽光，電気自動車に参入する主体も含めての合意形成は難しい。政府の規制強化は回避すべきだが，英国のように低炭素化推進のために計画の要素を取り入れる措置も必要であろう。

第7節　政府主導で急ぐ電力市場の改革

　英国では，2010年末にエネルギー・気候変動省（DECC）から『電力市場改革』という討議書が公表された。ちょうど20年前の自由化導入期にも，同じようなタイトルの論文が多数，発表されていた。当時は「競争的電力市場を創設する」改革であったが，近年は「電力市場の矛盾を解消する」改革が急務となっている。10年5月に成立した保守・自民の

連立政権はようやく，低炭素社会の実現に向けた政策を立案するために，本格的に動き始めた。

現在の電力供給源は石炭28％，ガス45％，原子力18％，風力7％，その他1％，輸入1％となっている。今後，2020年までに石炭火力の老朽化と原子力の寿命により，現存設備の4分の1，19GWを更新しなければならない。既に，気候変動法において，2020年までに1990年比で温暖化ガスの34％を，50年までに80％を削減することを決めている。また，EUの目標値を実現する上では，20年には再生可能エネルギーの比率を，7％から30％にまで引き上げる必要がある。

1　省庁間協力による低炭素化

低炭素化に必要な将来投資は，政府の推計によると，2千億ポンドと見込まれる。そのうち20年までに要する新規電源と送電線接続の費用は，1千億ポンドと試算されている。これを補助金に基づくのではなく，民間企業の自発的投資を誘発するために，DECCは討議書で，次のような4つの政策パッケージを提示している。

① 炭素価格の維持：低炭素技術の設備投資を促すために，政府が炭素価格を高く設定する。
② 固定価格買い取り制：長期固定契約によって，炭素排出量の少ない発電事業者の収入が確保できるようにする。
③ 容量支払：自然変動電源型の設備を増加させるために，予備力設備の建設と供給力確保・容量支払を組み合わせる。
④ 温室効果ガス排出達成基準：最新鋭の石炭火力を基準に，炭素回収・貯留技術を備えていない設備は認めない。

さらに，財務省も低炭素社会の達成のために，DECCと同様に，年末に『炭素価格の下限－低炭素投資の支援と確実性』という討議書を発表した。その主たる内容は，以下の通りだ。

① 発電で使用される化石燃料を適用除外としている現行の気候変動課徴金の見直し。

② 石油を使用する発電事業者への燃料税の見直し。

財務省はDECCと協力関係を深めているので，改革のベクトルは炭素価格を高くして，低炭素化を進展させるという線で一致している。

2 討議書に基づく合意形成

　財務省討議書が2011年2月まで，DECC討議書が3月までと，ほぼ同時期に一般からの意見を受け付けていた。後者についてはウェールズ語版や点字版でも入手可能であった点から，情報公開の積極性に驚かされるが，国民の関心は高かった。その後，13年4月から本格的な制度をスタートさせる予定であったが，まだ法律の制定には至っていない。再生可能エネルギー購入義務のような，従来からの制度がなお，効力を持ち続けているために，数年間は過渡的措置もとられるであろうが，将来の全体像はほぼ見通せることになる。

　英国は世界に先駆けて電力自由化を進めてきたが，低炭素社会の実現のために，再び，政府が事業者に投資インセンティブを持たせるような新たな制度改革に乗り出した。自由化後，最適な電源構成については市場が決定するものである，と豪語してきた英国でも，政府によるフレームワークのなかで合意形成を進めざるを得ない状況にある。小売り料金への影響は避けられないが，他国でもこのように，過去の制度と整合性

のとれる政策を体系化することが望まれる。

第6章

市場拡大に伴う国際協調
~合意形成と政策実行~

Energy Watch

第6章 市場拡大に伴う国際協調 〜合意形成と政策実行〜　125

第1節　EU電力自由化と政策協調

　EUは2004年5月に，ポーランドなどの中東欧諸国が加わり，15カ国から25カ国体制に移行した。電力自由化は，欧州委員会による1996年指令に基づいて推進されてきたが，03年の改正指令により新加盟国も自由化を追求することになった。そのようななかで，連系線建設や原子力廃棄物処理などについての政策協調も求められる。EUがそれらの課題にどのように対応しているのかを紹介する。

1　自由化進展度のチェック体制

　加盟国の直面する条件は発電規模，市場集中度，輸入比率などの観点でまったく異なるが，共通の政策を通して，EU全体の利益を増大させることが重視されている。改正指令に従い，04年7月に家庭用を除く需要家が自由化の対象となり，全面自由化については07年に実現する計画が示された。市場開放の程度は図表6–1の通りであるが，まだ加盟国間に格差がみられる。当時の各国の自由化進捗状況については，04年3月に発表されたThird Benchmarking Reportで明らかにされている。
　同報告書で，以下のような問題点が指摘された。
　①　発電市場の市場支配力や加盟国間の連系線不足が競争を阻害している。
　②　卸市場の需給関係が逼迫したために，2002〜03年の料金は上昇傾向にあった。

図表6-1　EU加盟国・候補国の市場開放度（2004年）

（単位：％）

従来の加盟国

国	%
オーストリア	100
ベルギー	80
デンマーク	100
フィンランド	100
フランス	37
ドイツ	100
ギリシャ	34
アイルランド	56
イタリア	66
ルクセンブルク	57
オランダ	63
ポルトガル	45
スペイン	100
スウェーデン	100
英国	100

新たな加盟国

国	%
エストニア	10
ラトビア	11
リトアニア	17
ポーランド	51
チェコ	30
スロバキア	41
ハンガリー	30
スロベニア	64
キプロス	0
マルタ	0

将来の候補国

国	%
ルーマニア	33
ブルガリア	15
トルコ	23

（資料）*Third Benchmarking Report*, 2004.

③　小売り供給市場の契約変更率は，産業用で良い結果が得られたが，家庭用で10％を超えたのは北欧と英国だけであった。

④　北欧，ギリシャ，アイルランド，イタリアにおける需給バランスは不安定である。

このように常に，自由化の運営に関して，チェック体制を機能させ，政策運営を確認していくことは重要であろう。

2 協調体制下でのインフラ整備

　欧州には，電力の輸出入を行いながら，安定供給を国際的に追求してきた歴史がある。現在，電力取引所を積極的に活用している北欧では，電源構成の不均衡を解消するために，1960年代に融通を制度的に確立したが，その背景には4カ国の緊密な協力体制があった。英仏間などにも国際連系線が存在するが，関係国間の強固な契約関係のもとで運用されてきた。

　EUは自由化を基本政策としながらも，加盟国の協力の下で国際連系線の開発プロジェクトを推進している。欧州委員会は通信，運輸，エネルギー部門で，「トランス・ヨーロピアン・ネットワークス」（TENs）計画というインフラ整備の政策を実践してきた。この計画は条約に基づくものであり，欧州投資銀行（EIB）の財政的支援とリンクしている。

　2003年にリストアップされた122プロジェクトのなかで，7件について高い優先度があると判断された。主として，高圧送電線，海底ケーブル，保護・監視・制御システムが対象となり，加盟国間の連系線強化，国際連系線と国内送電線の接続，非加盟国との連系線接続などのプロジェクトが重視されている。新規送電線の建設には，加盟国の事業者のみならず政府の全面支援が必要であると理解されている。

3 原子力の安全性確保と基金化

　従来からの加盟国で，原子力発電所を保有しているのは8カ国である。ベルギー，ドイツ，オランダ，スペイン，スウェーデンの5カ国は，既に運転停止の方針を固めているが，フィンランド，フランス，英国の3

カ国は，運転継続の立場をとっている。新規加盟国では，チェコ，スロバキア，ハンガリー，スロベニア，加盟候補国では，ルーマニア，ブルガリアが保有国である。

自由化が進展するなかで，原子力発電の新技術や競争力が課題になる。EUでは，核融合炉開発に資金が投入されてきたが，その商業運転は2050年以降と考えられる。原子力政策をめぐる不確実性として，以下の点が指摘されている。①廃棄物処理問題に関する解決策，②新規発電所の経済的優位性，③加盟候補国における原子炉の安全性，④地球温暖化対策の政策方針。

当面は，加盟国が原子力の安全性を強化することが優先される。加盟国の原子力専門家と欧州委員会が緊密な関係を保ちながら，報告書を定期的に公表しなければならない。最大の課題となるのは，高レベル廃棄物の処理方法であるが，長期的観点から安全性を確保するために基金創設の必要性が主張されている。将来に悪影響が生じないように，関係国政府による強力な支援と明確な意思決定が不可欠との認識もみられる。自由化を標榜しながら公的関与の必要性を強調するEUの姿勢こそが，安定供給に適った政策運営ではないだろうか。

第2節　ロシア・サミットとエネルギー問題

2006年7月に，ロシア・サンクトペテルブルクにおいて，主要国首脳会議が開催された。このサミットでは，北朝鮮のミサイル発射問題，イランの核開発，中東地域紛争問題など政治的に重要なテーマが多かった

が，エネルギーについては，安全保障の観点から討議され，特別声明が採択されるに至った。以下で，安全保障の内容とメディアの報道を確認し，自由化との関連性を再考してみたい。

1　特別声明の概要

「グローバル・エナジー・セキュリティ」という声明文の冒頭部において，エネルギーが生活の質を高める上で不可欠であることが明記された。行動計画の重点項目には，①市場の透明性・予見可能性・安定性の向上，②投資環境の改善，③エネルギー効率の改善，④エネルギー源の多様化，⑤インフラの物理的安全保障，⑥困窮者の保護，⑦気候変動と持続可能な発展の7点があげられた。グローバルなエネルギーシステムを効率的に機能させるためには，自由で競争的な市場が必要と考えられている。

供給面での投資については，石油精製，石油化学，ガス製造などの設備の他，ガス貯蔵・輸送設備，送電線，電力取引所の建設・創設についても視野に入れられている。安全保障にかかわるリスクを軽減する方法としては，エネルギー源の多様化が有効とみなされた。水素，原子力，再生可能エネルギーの利用に加え，新たな技術革新への期待も寄せられている。

現実に，世界のエネルギーインフラが強い相互依存関係にある点から，安全保障を強化するために，重要なインフラを国際協調のもとで維持することが提案された。まず，どのインフラが重要であるのかを明確にした上で，それらに伴うリスクをどのように管理すべきかについて決定する必要がある。特に，テロリストの攻撃に関する潜在的リスクを評価す

ることが不可欠と考えられている。

2 メディアの反応

　BBCニュースは,「G8はオープンなエネルギー市場を支持」とのタイトルで「責任ある供給」と「原子力オプション」に焦点をあてた記事を掲載した。そのなかで,石油とガスの産出国であるロシアが,未だに国際ルールである「エネルギー憲章」を批准していない点を指摘している。これは,2006年1月のガスプロムによるウクライナへの天然ガス供給を一時的に停止した事実と関連付けた痛烈な批判とみられる。

　原子力に関しては,英国が今後40年間にわたり,原子力発電を推進する政策に転換した点を紹介している。さらに,参加国のほとんどが原子力を化石燃料に代わるものと位置付けていることを示すとともに,ドイツだけが原子力に消極的な立場をとっていることも伝えた。ロイターの記事も「G8文書は原子力と気候問題で分裂」というタイトルで,原子力に関する見解の不一致に触れている。

　インターナショナル・ヘラルド・トリビューンは,「G8は広範な石油政策で合意」というタイトルをつけた。原油価格高騰を抑えるために,G8の主要国は産油国に対して,石油備蓄と地中埋蔵量に関するデータを開示するように求めることで合意した点を伝えた。また,備蓄放出についての調整を行うなどの緊急時の協調についても言及している。

3 自由化との関係

　G8の議論とは別の次元で,EU指令に基づくエネルギー自由化が継

続されている。計画では，全面自由化に移行するのは2007年7月である。先の声明文でも，確かに「競争的でオープンな市場」や「市場ベースでの投資」という文言は使用されているが，アンバンドリングのような強硬な主張はまったく見当たらない。むしろ，不確実性の除去や再生エネルギーの育成などの面での着実なステップと，エネルギー困窮者に対する対策など地道な解決策を推奨している。EU加盟国も，再度，G8の声明を参考にすべきであろう。

このサミットは，ロシアが初めて議長国を務めたことに加え，原油高による不安定性が増大している時期でもあり，エネルギー分野への関心度は高かったと思われる。声明文で明示された各論点は，自由化よりも優先されるべきものであり，それらの実現に向けては国際協調が大前提となる。しかし，細部については参加国間で温度差が残っているので，今後の政策運営において，さらに緊密な対話と調整が必要となるだろう。

第3節　スマートグリッド構築の行動計画

近年，風力や太陽光などの自然変動電源への対応と低炭素社会の実現という観点から，世界的にスマートグリッドが注目されている。電力・ガスの国際的な広域運用が一般化している欧州では，この分野で早くから綿密な計画が策定されてきた。スマートグリッドとは，基本的に再生可能エネルギーや分散型電源を吸収できる送電網であり，さらに，最新のIT技術を通して双方向の情報伝達もできるネットワークを意味する。自由化以降も市場取引の増加に伴い，送配電線の信頼度維持が一層，重

視されている。

1　新たなロードマップ

　過去に,「スマート・パワー・ネットワーク」や「スマート・エレクトリシティ・ネットワーク」という表現も用いられてきたが,2005年に欧州委員会の報告書において,「スマートグリッド」の概念が明記された。これまでの議論から,スマートグリッドの定義や計画について,一定の合意が形成されている。

　しかし,実際にはネットワーク投資が必ずしも円滑に進められてきたわけではない。そのような状況から脱却することを目指して,10年5月末に欧州の送配電事業者を母体とする組織(欧州電力グリッド・イニシャティブ)から「ロードマップ2010-18・詳細行動計画2010-12」が公表された。

2　費用総額と負担主体

　そのなかでスマートグリッド構築のための費用総額は,2010～18年で約20億ユーロに達すると試算されている。その内訳は図表6-2のように,送電が5億6,000万ユーロであるのに対して,配電は12億ユーロで,2倍以上の規模である。さらに,配電だけに注目すると,80%にあたる9億6,000万ユーロが実証実験に充当される。また,図表6-3から配電12億ユーロのうち,約70%の8億3,000万ユーロが12年までに集中的に使用される点がわかる。

　費用を賄う財源問題については,単に事業者や利用者だけに限定して

図表6-2　　　　費用総額（2010〜18年）

		研究開発	実証実験	合計
費用 （百万ユーロ）	送電線	270	290	560
	配電線	240	960	1,200
	送配電共通	90	140	230
	合計	600	1,390	1,990

図表6-3　　　　配電費用（2010〜12年）

		普及促進	研究開発	実証実験	合計
配電線（百万ユーロ）		60-140	80-170	520-690	830
財源比率 （％）	欧州委員会	100	50	20-30	30-40
	加盟国政府	0	25	40-60	40-50
	民間事業者	0	25	10-15	10-15
	利用者料金	0	0	10-35	10-30

いるわけではない。普及促進では欧州委員会が全額負担，研究開発と実証実験でも同委員会と加盟国政府が，高い比率で公的資金を投入することを決めている。このように，欧州では公的支援によって，スマートグリッドの整備が促されている点が明白だ。

3　需要家の意識改革も

　今後，電気自動車とスマートメータリングが急速に普及すると予想されるので，標準化の点から機器メーカーの協力も不可欠である。また，低炭素社会の実現に向けて，家電製品の効率的な使用が求められること

は言うまでもない。ロードマップでも示されているが，ソリューション・ビジネスに支えられた「スマートホーム」に加えて，需要家自身が「スマートカスタマー」として行動することも重要となる。

　欧州から学ぶべき点は，官民連携による将来計画の立案と明確な費用負担の提示であろう。さらに，スマートグリッド発展のために，配電部門への投資にプライオリティが置かれている点も注目される。需要家に関しては，わが国では料金支払者と捉えがちであるが，エネルギー利用者としての立場についても理解を深める必要があると思われる。

第4節　洋上スーパーグリッド構想の推進

　近年，IT機能が装備されたメータによって，効率的な需要管理を行うスマートグリッドが注目を集めている。もちろん，風力や太陽光などの自然変動電源の量的拡大に伴い，送配電線を拡充する必要があるばかりではなく，電気自動車の普及を促す観点からも，スマートグリッドは不可欠と考えられる。欧州では，低炭素社会の実現を洋上風力発電によって達成しようとしていると同時に，国際洋上スーパーグリッド構想を着実に推進している。陸上の送電網を「スマートグリッド」と呼ぶのに対して，洋上（海底ケーブル）については「スーパーグリッド」と呼ぶ。以下で，その動向を紹介する。

1 スーパーグリッド参加企業

　EUでは2020年までに、再生可能エネルギーの比率を20％にすることが決められている。これまでに開発された洋上立地のウィンドファームは45カ所で、系統接続したタービンは1,136基、設備容量は2,946MWに達する。10年上期において系統接続した設備のメーカーとそのシェアは、以下の通りである。シーメンス55％、ベスタス36％、REパワー9％。また、ディベロッパーについては、以下の通りである。E.ONクライメット・アンド・リニューアブルズ64％、DONGエナジー21％、バッテンフォール11％、EWE4％。

　今後も洋上風力の設備を増強し、有効活用するために、北海周辺の諸国が中心となり、海底ケーブル（高圧直流送電網）でスーパーグリッドを建設する計画が検討されている。11年だけでも、1,000～1,500MWもの新規計画が進められた。欧州が国際協調のもとで、積極的に連系線の整備を図っているのは、10年3月に設立された「フレンズ・オブ・ザ・スーパーグリッド」という組織が寄与しているからである。

　そこに参加している企業は図表6-4の通りである。企業規模や業務内容の異なる多様な企業による協力の結果、10年末に、EU9カ国（アイルランド、英国、フランス、ドイツ、ベルギー、オランダ、ルクセンブルク、デンマーク、スウェーデン）とノルウェーは、スーパーグリッド構築に向けた覚書（MOU）の合意に至った。

図表6-4　スーパーグリッド参加企業（2011年）

企業名	拠点国、業務内容等
3E	ベルギー、再生可能エネルギーの調査
AREVA T&D	フランス、AREVAの送電設備部門
DEME Blue Energy	ベルギー、浚渫・埋立て・港湾建設
Elia	ベルギー、送電線の所有と運営
Hochtief Construction AG	ドイツ、発電所等のインフラ建設
Mainstream Renewable Power	アイルランド、風力・太陽光の設備建設
Parsons Brinckerhoff	アメリカ、Balfour Beattyの子会社
Prysmian Cables & Systems	イタリア、ケーブル・光ファイバー製造
Siemens	ドイツ、電気・電子・医療機器製造
Visser & Smit Marine Contracting	オランダ、海洋開発・海底ケーブル敷設

2　コスト負担をめぐる課題

　欧州内には既に，2国間で連系した高圧直流送電網は存在するが，提案されている洋上スーパーグリッドは，まったく新たな計画である。欧州諸国の風力，太陽光，波力，水力を効果的につなぎ，低炭素社会を実現しようとするものであるが，以下のような疑問や課題もある。コストがいくらぐらいかかり，誰が負担するのか。スーパーグリッドは自然変動電源を効果的に調整できるのか。どのようなリスクや不確実性が生じるのか。スーパーグリッド導入により電力料金は低下するのか。

　このように料金や技術をめぐる問題点をクリアしなければならないだけではなく，政治的な障壁も残っているので，なお先行きは不透明である。しかし，低炭素化に寄与できることに加え，緊急災害時に多国間で，柔軟な電源利用が可能となる点を考慮すると，洋上スーパーグリッドの

早期着工が望まれる。

第5節　災害復興で設立された連帯基金

　近年，欧州では森林火災や暴風雨など，大規模な自然災害が頻発している。とりわけ，2002年夏に発生した洪水は，オーストリア，ドイツ，チェコ，フランスに大きな被害をもたらした。それを契機に欧州連合は，同年11月に，被災した地域や国の救済を目的とする「EU連帯基金」（ヨーロピアン・ユニオン・ソリダリティ・ファンド）を創設した。基本的に，加盟国の被害を想定しているが，周辺国のトルコとクロアチアも含まれている。以下で，その対象や運用状況などを紹介する。

1　インフラ被害への緊急対応

　一国の場合，被害総額が2002年価格で30億ユーロ（10年価格で約34億ユーロ）を超えるケース，あるいは国民所得の0.6％を上回るケースが対象となる。これらはあくまで目安であって，特定地域に甚大な影響をもたらす場合には，下回っていても認められることもある。年間予算は10億ユーロに設定されているため，決して十分な運用ができるものではないが，緊急対応という点からは意義がある。

　この基金は，社会インフラの復旧工事とサービス再開を促す点に主眼を置いているので，私有財産と農業については視野に入れていない。社会インフラには，エネルギー，上下水道，テレコム，交通などの公益事

業に加え，医療，教育という公的サービスの施設も含んでいる点に特徴がある。確かに，病院や学校が災害直後に救援活動の場として重要であることから，その判断は妥当であろう。

2　実際の助成金支出ケース

　原則として，被災した国の省庁が10週間以内に，欧州委員会に申請しなければならない。災害発生件数は年により異なるが，これまで累積で68件の申請があった。約半数の33件が承認され，それぞれのケースに助成金が支出された。その総額は21億5,100万ユーロに達する。それに対して，残りの半数は却下されたり，自ら取り下げている。

　68件の内訳をみると，洪水25，森林火災24，暴風雨10，地震3，その他（火山爆発，石油流出，異常積雪など）6となる。助成金が出された33件のなかで，複数にわたっているのは，フランスの5回が最多で，イタリアとルーマニアが3回，オーストリア，ギリシャ，スペイン，ドイ

図表6-5　　　　　連帯基金の支出事例

	キプロス	ルーマニア	フランス	イタリア
災害タイプ・名称	渇水	洪水	嵐・クラウス	アブルゾ・地震
被災年月	2008年4月	2008年7月	2009年1月	2009年4月
支給年月	2009年3月	2009年7月	2009年10月	2009年11月
直接被害額 （百万ユーロ）	176.2	471.4	3,805.5	10,212.0
助成金支給額 （ユーロ）	7,605,445	11,785,377	109,377,165	493,771,159

（資料）European Union Solidarity Fund, *Annual Report 2009*.

ツ，ブルガリアが各2回であった。支出額が大きかったのは，図表6-5に示される通り，09年のイタリアで起きたアブルゾ地震時の4億9,300万ユーロと，フランスを襲った嵐「クラウス」に対する1億900万ユーロである。

3　原発事故への対応可能性

　問題は，東日本大震災で起きたような原子力発電所の事故に対して，この基金が支出できるのかということだ。その対象は，自然災害に限られるが，運用上のガイドラインによると，「自然災害ではない場合も排除しない」と明記されている。各々のケースで，事故原因が天災にあたるのか否かという不毛な議論を続けるよりも，迅速に処置策が適用できる工夫が組み込まれている。もちろん，当事国は基金要請の根拠を明示する義務を負うが，このような柔軟な裁量に基づく運用は評価できる。

　筆者が福島第1原発に関して，個人的に欧州委員会の関係部局の担当者に尋ねたところ，「過去に欧州で原子力発電所が被災した例はないが，もしそのような事態に直面すれば，この基金を正当化する方法を探るだろう」という回答を得た。これはあくまで非公式見解であるが，電力会社の破綻を回避し，利用者を保護するという判断が優先するようである。今後，災害対応面の国際協力を強化し，ある程度の基準を模索することが求められる。

第7章

インフラ企業の大型化
〜ロシアを意識するEU〜

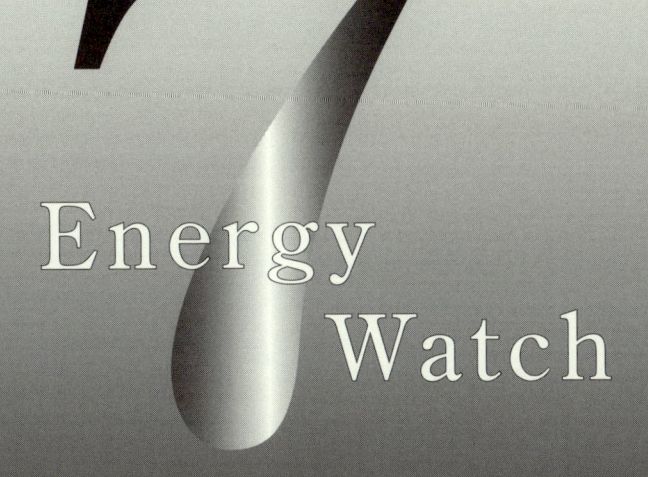

Energy Watch

第1節 ガスプロム供給停止の余波

2006年のロシア企業ガスプロムによるウクライナへの天然ガス供給停止は、欧州のエネルギー業界全体に危機感を与えることになった。英国は04年にガス輸出国から輸入国に転じたものの、図表7-1からわかるように、高い自給率を維持している。したがって、供給停止のダメージを直接、受けるわけではないが、間接的な影響を免れることはできない。以下で、このような事態に直面するガス・電力会社の新しい動きを紹介する。

図表7-1　英国天然ガス生産（1995年～2004年）

（単位：GWh）

(年)	生産量	輸出量	輸入量
1995	822,726	11,232	19,457
1996	978,453	15,203	19,804
1997	998,343	21,666	14,062
1998	1,048,385	31,604	10,582
1999	1,152,154	84,433	12,862
2000	1,260,168	146,343	26,032
2001	1,230,533	138,330	30,464
2002	1,204,713	150,731	60,493
2003	1,196,117	177,039	86,298
2004	1,115,744	114,111	133,035

（資料）　DTI, *Digest of UK Energy Statistics*, 2005.

1　セントリカの戦略変更

「ブリティッシュ・ガス」のブランドを使用するセントリカ（BGT）は，ガス小売り市場において50％以上のシェアを持つ。同社は05年，ガス料金が上昇傾向を示すなかで，小売り料金をある一定の上限までしか値上げしない「プライス・プロテクション」という新商品を出していた。政府が料金規制を撤廃したものの，事業者自らが自社の料金にプライス・キャップ規制を加えて，利用者を惹きつけようとする方策をとったのである。

10年まで料金は凍結される計画であったが，契約者数が120万件にも達したために，卸ガス料金が高騰するなかでは維持困難と判断され，06年1月に入ってこの商品は廃止されることになった。英国はロシアから直接，ガスを輸入しているわけではないので，数量不足に陥る危険性は低い。しかし，ガスプロムはウクライナ以外にもフランスやドイツなどに輸出しているために，欧州内でドミノ的なインパクトが生じることは避けられない。

エネルギー料金の比較を行うウェッブサイト会社によると，04年以降のガス・電気料金の上昇によって，上限料金制や固定料金制を利用する顧客は急増している。今後，セントリカの戦略変更によって需要家のスイッチングが起きるのか，あるいは類似サービスを提供するパワージェン（PG），エヌパワー，スコッティッシュ・パワー（SP），EDFエナジーなども同じ決断をするのかが注目される。

2 上流部門を狙うM&A

　寡占化が進行している欧州では，トップ企業が07年の全面自由化に向けて戦略的な行動を展開してきたが，ガス供給の不安定化が企業再編成に拍車をかけている。エヌパワーの親会社であるドイツ企業RWEは，07年までにテムズ・ウォーターを分離する方針を明確にした。かつては「スーパー・ユーティリティズ」が標榜されたが，現在はエネルギーに特化すべきであると判断している。

　もう1つのドイツ企業E.ONは，既にパワージェン（PG）を傘下におさめている。同社は05年9月にスコッティッシュ・パワー（SP）を買収する計画であったが，当事者の拒否により実現には至らなかった。その後，E.ONは英国企業カレドニアン・オイル・アンド・ガス（COGL）を4億7,000万ポンドで取得した。COGLは北海に15のガス田を保有し，年間約900万世帯のガス消費を満たす生産能力を持っている。

　英国のエネルギー小売り供給市場は6大寡占企業による支配下にあるため，一層の巨大化は競争政策上，問題があるという批判的な見解が出されている。それとは対照的に，上流部門の獲得は安定供給に寄与するので，この購入案件は成功であるという反論もみられる。特に，ガス市場の先行きが不透明な時であるだけに，タイムリーな投資であると評価する関係者も多い。

3 ガスプロムの英国進出

　2006年早々，欧州に不安感と不信感をもたらしたガスプロムであるが，自らは英国のエネルギー市場に参入する意欲があることを明らかにし

た。10年〜15年に20％のシェア確保を想定している点から，小売り供給部門を運営している企業が買収される可能性が高い。業績が好調なスコッティッシュ・パワーが有力候補と考えられているが，セントリカがターゲットになるとの情報も流れている。

05年秋，E.ONによる買収が不成立に終わったスコッティッシュ・パワーは，ガスを安定的に確保するために，同年末にノルウェーのスタットオイルと，07年から10年間のガス購入契約を締結したばかりである。長期相対契約は競争促進につながらないとの批判もみられるが，スコッティッシュ・パワーが料金変動リスクを回避できるという点ではメリットがあると思われる。

以上のように，ガスプロムの行動で欧州エネルギー業界は大きく揺れている。英国のガス・電力市場は既に寡占状態にあるが，ガスプロムの進出によってさらに集約化が進行するかもしれない。あるいは，ロシア企業による買収を拒否するために，英独仏企業が何らかの形で合従連衡を選択することもあり得る。しかし，実際には企業規模の大型化よりも，上流部門の獲得や長期契約の実現の方が安定供給を図る上で重要であることを再確認すべきであろう。

第2節 「西方拡大」を狙うガスプロム

2007年1月からブルガリアとルーマニアがEUに加わり，27カ国体制になった。04年以降，加盟国が中東欧諸国にまで広がっている点から，しばしばEUの「東方拡大」が注目されてきた。ところがエネルギーに

関しては，ロシア企業ガスプロムの「西方拡大」が顕著になっている。06年末に発表された同社本社ビルのモスクワからサンクトペテルブルクへの移転計画も，その象徴的な現れと捉えることができる。以下で，同社が展開している経営戦略を紹介する。

1 英国市場への進出計画

ガスプロムが英国の小売り供給事業者であるセントリカを買収する，という噂は05年から既に流れていた。ガスプロム側は英国企業には関心があるが，セントリカは単に一候補にすぎないという見解であった。06年に入ってから，セントリカの他にスコッティッシュ・パワーも買収対象にあげられた。ガスプロムは大口需要家に狙いを絞り，英国内でシェアを伸ばそうとしている。同社が小売り市場に固執するのは，ロシアとドイツをバルト海で結ぶ欧州北部ガスパイプライン（NEGP）の建設に既に着手していることに加え，13年にはさらに増設が実現し，英国への供給も可能になると見込んでいるからである。

2 小売り供給市場の掌握

英国政府は外国企業の進出を拒否することはないとしながらも，競争政策の観点からはセントリカのような大規模企業の取得には問題があると指摘していた。この点を受けて，ガスプロムは06年6月に，イングランド北西部チェシャーに立地するガス供給事業者，ペニーネ・ナチュラル・ガスを買収する行動に出た。

1996年に設立された同社は，従業員わずか15名の小規模企業であるが，

デパート，レストラン，レジャー施設などを中心に，600を超える商業用・産業用ユーザーを持つ。ペニーネが個人所有であるために，買収の詳細は不明であるが，巨大企業であるガスプロムにとっては「安い買い物」であったと考えられる。同社はこの買収を足掛かりに，英国市場への本格的な参入に備えていることは間違いない。

3 加速化する市場拡大策

　ガスプロムにしてみると，これまで合意形成が容易に成立しなかったこともあり，必ずしも「西方拡大」計画が順調に遂行できたとは言えない面もある。そのようななかにあっても，同社は06年末に，今後も西欧市場での活動に力を注ぐ見解を明らかにした。その動きとして第1に，イタリアでは政府系石油ガス会社ENIとのアライアンスにより相互に設備を利用する協定が締結された。その協定にはENIが2035年まで供給契約を延長できる規定も含まれている。第2に，ポルトガルでは上流部門のガルプ・エネルギアの株式を保有するアモリム・エネルギアを購入する交渉が進行中である。第3に，フランスではGDFへの長期契約と引き換えに，顧客に直接供給する権利を獲得することで合意した。

　EU側ではガスプロムがロシア国内を開放せずに独占のまま，西欧諸国において支配的な小売り事業者としての地位を固めることに危機感を募らせている。しかし，ガスプロムの関係者はロシア国内でインターネット・プロバイダーや新聞社，テレビ局などのメディアに投資するよりも「西方拡大」へ支出する方が好ましいと判断していると伝えられる。

　パイプラインの拡張計画と歩調をあわせ，徐々に市場拡大は実現されていくであろう。EUではロシアへのガス依存を背景に，買収や提携の

第7章　インフラ企業の大型化　〜ロシアを意識するEU〜　149

ジレンマから抜け出すのは当分，難しそうである。12年3月に実施された大統領選挙において，プーチンが返り咲くことが決まったため，今後も強硬なエネルギー政策が展開されるものと予想される。

第3節　エネルギー大型合併の行方

　2006年から07年にかけて，欧州エネルギー業界では全面自由化に備えた大型合併が活発に展開されてきたが，国際寡占容認派と自国企業擁護派の対立もみられた。この時期には，わが国でもJパワーの株式を買い集めた英国の投資ファンド，ザ・チルドレンズ・インベストメント・ファンドが話題になっていた。市場規模や自由化の程度に相違はあるが，対応策を考える上で欧州の動向を参考にすることは有益であろう。

1　難航する二大案件

　ドイツのE.ONによるスペインのエンデサ取得は，06年4月に，欧州委員会によって効果的競争を阻害することはないと判断されていた。しかし，欧州委員会はスペイン政府が事前協議を怠った点と，E.ONに対して付与した条件が資本移動の自由に反する点を問題視し，07年3月末にスペイン政府を欧州司法裁判所に提訴した。E.ONはエンデサの買収金額を引き上げる決定を下したが，既にエンデサを部分的に取得していた建設会社のAccionaがイタリア政府系電力会社ENELと協力関係を強化する方針を発表した。その後，各国政府を巻き込む大論争が展開され

たが，最終的にE.ONはエンデサ取得を断念することになった。

また，GDFとスエズの合併は，フランス企業同士であるために批判に晒されると思われたが，06年11月に欧州委員会は，以下のような是正措置を付与した上で認める見解を示した。

① スエズは子会社であるベルギーのガス会社Distrigazの株式を譲渡し，ハブ運営にあたるFluxysの支配を放棄すること。
② GDFはベルギーの電力・ガス会社であるSPEとその子会社で地域熱供給を担うCofathec Corianceの株式を手放すこと。

現実には，対抗していたENELに加え，フランスの労組や法律家までもが反発し，不確定な状態が続いたが，08年に合併は実現した。

2 　連鎖的現象へ発展

独仏の大規模企業による合併が進行するなかで，06年11月にスペインのイベルドローラが，イギリスのスコッティッシュ・パワー（SP）を取得すると発表した。これらの事業者は風力発電の優位性を発揮するとともに，EU内で生き残る5～6社のなかに入ることを意図している。このように，後発組として合併を選択する事業者が今後も増えると考えられるが，それは自発的というよりは連鎖的な現象として捉えることができる。

自由化の進展に伴って，合併を促す要因は以下のように整理できる。①燃料調達リスクの回避。資金力を背景に，燃料調達が容易な企業に成長することが不可欠と考えられている。②電力・ガスの同時供給。両市場の融合化に対応し，同一顧客に電力とガスの両方を提供できる事業者になる必要がある。③小売り供給エリアの拡大。合併により獲得したブ

ランド力を基盤に，短期間で新たな市場を開拓することが可能になる。④連鎖反応による合併。①～③の要因に加えて大規模化の波に乗り遅れまいとする動きがみられる。さらに，ロシア・ガスプロムも欧州企業の取得を狙っているだけに，それを牽制しようとする意向もある。

06年末から高級服飾業界の資産家であるフランシス・ピノー氏が，スエズの株式取得に関心を示している。同氏は「グッチ」などの有名ブランドのオーナーで知られているが，エネルギー業界がそのような大富豪によって影響を受けているのが実情である。欧州の合併は，資金調達の可能性に大きく左右されるボラタイルな性格を帯びてきているために，合併のシナジー効果からもたらされる利用者の便益増大や，安定供給に向けての集中的な投資戦略などの観点が軽視される危険性を含んでいる。

第4節　ポーランド電力民営化の遅滞

2008年夏にポーランドのエネルギー部門で，2つのニュースが話題になった。1つは電力会社の民営化に遅れが生じていること，もう1つは原子力発電所の建設計画が明らかにされたことである。民営化は効率性の改善に寄与するが，株式市場の低迷のみならず，外資支配や雇用削減の点からも困難や弊害を伴う。同国の電源については石炭火力の比率が極めて高く，石油・ガスの輸入がロシアに大きく依存している点でセキュリティ確保に問題がある。以下で，ポーランドの進める民営化とエネルギー改革の動向を紹介する。

1　国有企業の民営化計画

　政府は1990年代から民営化を進めてきたが，2007年度末の国有企業数は1,237社にのぼる。350社は破産状態にあるので，実質的には887社が民営化の候補となる。08年4月に公表された11年までの民営化計画によると，そのうち740社が実施対象にあげられた。業種はエネルギー，運輸，鉄鋼，化学，金融などの重要産業から，印刷，製材，食品，農業，観光まで多岐に及んでいる。

　民営化で活躍しているのは，隣国チェコの投資家であり，既に500社以上のチェコ企業が参入している。エネルギーのCEZ，飲料水のKofola，コンビニのZabkaなどが代表例である。CEZは08年に，発電プラント2基を取得したが，それはチェコの対外投資の最高額となった。さらに，稼働中の発電プラントや道路建設会社などが狙われているが，ポーランド政府は国策上，重要な設備については売却しない方針を示している。

2　電力民営化と雇用問題

　電力会社の民営化状況と市場シェアは，図表7-2，7-3の通りである。大型民営化としてENEAの株式が売却されることになっていたが，08年7月初めに政府は延期する見解を発表した。確かに，ワルシャワ株式市場は同年初から28％も下降し，前年比で40％も低下していた。しかし，民営化を妨げている原因は，労働者との対立関係にあった。労組は従業員持ち株を提案してきたが，政府は投資家への売却を優先しようとしたために，両者間で合意が成立しなかった。

外資による株式取得は雇用不安につながるとの批判があるものの、以下のように妥協策を明示しているケースもある。

図表7-2 発電会社の民営化状況と市場シェア（2008年）

発電会社（＊：民営化実施済み）	シェア(%)
BOT Górnictwo i Energetyka ＊	36
Południowy Koncern Energetyczny	13
Zespół Elektrowni Pątnów-Adamów-Konin ＊	8
Elektrownia Kozienice	7
Elektrownia Rybnik（フランス・EDF）＊	7
Elektrownia Połaniec（ベルギー・エレクトラベル）＊	4
Elektrownia Dolna Odra	3
その他	22
合計（全設備容量：34,673 MW）	100

図表7-3 配電・小売り供給会社の民営化状況と市場シェア（2008年）

配電・小売り供給会社（＊：民営化実施済み）	シェア(%)
Ł-6（ZEORK, ZE Białystok, ZE Warszawa-Teren, Lubelskie ZE, Zamojska Korporacja Energetyczna, Rzeszowski ZE）	24.1
Koncern Energetyczny ENERGA	17.3
ENION	14.9
ENEA	14.4
EnergiaPro Koncern Energetyczny	10.0
Vattenfall Distribution Poland（スウェーデン・バッテンフォール）＊	7.0
Ł-2（Łodzki ZE and Zakład Energetyczny Łódź-Teren）	6.9
STOEN（ドイツ・RWE）＊	5.3
合計（全需要家数：1,566万世帯）	100.0

① 2000年にベルギー・エレクトラベルが買収したポラニエック発電は，10年間，雇用を保障。
② 01年にフランスEDFが買収したリブニック発電は，6年間，雇用を保障。
③ 03年にドイツRWEが買収したSTOENは，6年間，雇用を保障。

しかし，これらの措置はあくまで過渡的な性格しか持っていないので，民営化が全面的に支持されているわけではない点に注意する必要もある。

3 リスク分散に向けた方策

　ポーランドの石油は95％，ガスは45％がロシアから輸入されている。石油のロシア依存から脱却する方策として，調達先をカザフスタンやアゼルバイジャンなどに移すべきとの意見もある。民営化とは逆行するが，自国石油企業の管理強化を推進すべきとの主張も出てきた。最優先策と考えられているのは，黒海沿岸のオデッサからウクライナ・ブロディ，ポーランド・プウォツク，バルト海沿岸のグダニスクに至るパイプラインの実現である。

　08年12月にポズナニにおいて，気候変動枠組条約締約国会議COP14が開催された。議長国として，環境問題への取り組み姿勢を示す必要があったのも事実である。数年前からセキュリティ確保のために，原子力の重要性が訴えられてきたが，CO_2削減の視点からも推進できるチャンスが巡ってきた。2020年に向かって，需要が2倍になると予測されるなかで，立地点から廃棄物処理までの具体的なシナリオをどのように描くのかが注目される。なお，わが国で東日本大震災が起きた半年後の11年

9月に，GE日立ニュークリア・エナジー（GEH）から発表されたニュースリリースによると，ポーランドは依然として，沸騰水型原子炉（BWR）を導入する方針である。

第5節　企業買収防衛策の妥当性

　EUでは25カ国体制が実現し，域内統合の効果を，より一層強く発揮できると考えられていた。ところが，企業買収をめぐって保護主義の動きが強く表れ，業界のみならず各国政府，欧州委員会も大きく揺れている。ルクセンブルクでは鉄鋼大手アルセロールが，フランスではユーティリティ企業スエズが買収ターゲットになっているが，両国はそれぞれ，国家的威信をかけて防衛する方向にある。以下で，基幹産業における国内企業を擁護するEUの動向を紹介する。

1　1株1票制の崩壊

　外国企業による買収や敵対的な買収を回避するための代表的な手法は，「黄金株」（ゴールデン・シェア）である。これは英国の民営化推進プロセスで考案されたもので，「特別株」（スペシャル・シェア）の名称でも知られる。民営化企業が議決権付き株式とは別に，特別な権限を行使できる株式を1株だけ発行し，政府がその所有者となる。どのような権限を発揮できるかは，それぞれの会社の定款に明記されるが，一般には外国人による株式取得の制限が主内容となっている。

民営化を追求する政策のなかに，1株1票制という自由主義を覆す措置が組み込まれたのは皮肉な結果である。さらに，自国企業に有利な判断をする点でも矛盾を含んでいる。国有企業のなかには国防やエネルギーなど，一国の中枢機能の役割を果たす業種が多かったので，民営化後も政府が何らかの形で関与し続けることが意図された。わずか「1ポンド」を支払うだけで，民営化企業に対するオールマイティの権限を保持するという巧妙な手段である。

2　欧州各国の実態評価

　欧州各国が1株1票制をどの程度，遵守しているかについての報告書が，コンサルティング企業であるDeminor Ratingsから出されている。それによると，ベルギー100％，ドイツ97％，英国88％と高い数値であるのに対して，オランダ14％，スウェーデン25％，フランス31％とかなり低くなっている。スイス59％，スペイン59％，イタリア68％は欧州の平均値65％に近い。これらの数値は資本市場の整備に関する評価点とみなすことができる。

　近年，英国では欧州委員会の方針に基づき，「黄金株」を撤廃するように努めてきた。2004年には，エネルギー・インフラ会社ナショナル・グリッド・トランスコ（NGT）とスコットランドの電力2社の「黄金株」が廃止された。また，空港運営会社であるBAAと通信BT，C&Wについても，同じ措置がとられたので，遵守度は高くなっている。逆に，オランダ，スウェーデン，フランスの遵守度が低いのは，複数議決権株式を認めているためである。

　「黄金株」が存在しなくても，定款において排他的な規定を設けてい

図表7-4　EU主要国における特別措置の事例

国	企業名	業種	1株1票制の例外措置
英国	BAEシステムズ	国防	黄金株
	ブリティッシュ・エアウェイズ	航空	特定株主に特別な権限を付与
	BE	原子力発電	黄金株
	ロールス・ロイス・グループ	国防	黄金株, 特定株主による持株制限
フランス	プジョー	自動車	複数議決権株式
	スエズ	ユーティリティズ	複数議決権株式
	TOTAL	石油	複数議決権株式, 議決権行使の上限設定
	ヴィヴェンディ・ユニバーサル	ユーティリティズ	議決権行使の上限設定
ドイツ	ルフトハンザ	航空	議決権行使の上限設定, 外国人株主の規制
	フォルクスワーゲン	自動車	議決権行使の上限設定
イタリア	ENEL	電力	特定株主による持株制限
	ENI	石油・ガス	特定株主による持株制限
オランダ	KPN	通信	政府による部分的株式所有
	TNT	郵便	政府による部分的株式所有
	ロイヤル・ダッチ・ペトロリアム	石油	複数議決権株式
	ユニリーバ	化学	複数議決権株式
スペイン	ENDESA	電力	議決権行使の上限設定
	イベルドローラ	電力	議決権行使の上限設定
	レプソル	石油・ガス	議決権行使の上限設定
	テレフォニカ	通信	議決権行使の上限設定
スウェーデン	エリクソン	通信	複数議決権株式
	ボルボ	自動車	複数議決権株式

（資料）Deminor RatingsおよびEuropean Commission資料に基づき作成。

れば，実際には同様の効果を持つことになる。例えば，取締役についての指定や特定株主の所有比率について制限を加えるような方法がとられる。あるいは，政府が所有権変更に拒否権を発動できるような条件をつけている場合もある。欧州の代表的な実例は図表7-4の通りであるが，公益事業の他にも重要産業と位置付けられた製造業が含まれていることがわかる。

3 買収防衛策を容認か

　欧州委員会の判断では，資本市場の機能を阻害する特別措置は撤廃すべきと考えられる。しかし，同表から明らかなように，なお多くの例外が残っている。さらに，チェコ，ハンガリー，ポーランドなど新たな加盟国には例外規定を持つ多数の企業が存在する。本来，加盟国はEU指令に従って，国内での特別措置を除去しなければならないが，自国企業擁護の観点から必ずしも国内法の整備が進むとは思われない。

　わが国でも，06年3月末に鉄鋼大手3社から，共同防衛策に関する方針が発表され，周囲を驚かせたことがある。株主から新株予約権などの方策について理解を得られるとしても，協調的な買収阻止策は競争原理を否定することになるという批判がある。それに対して，基幹産業を自国企業で守るのは当然であるとの声も聞かれる。エネルギー業界でもセキュリティの議論と整合性をとる形で明確な立場を示す必要があるだろう。

第8章

投資ファンドの参画
～グローバル化する経営主体～

Energy Watch

第1節　水道M&A操る投資ファンド

　欧州の電力・ガス会社は国境を越えるとともに，他業種に参入することで「スーパー・ユーティリティズ」の実現を標榜してきたが，競争が激化するにつれて，コア・ビジネスに特化する戦略が重視されるようになった。代表例は，英国最大の水道会社テムズを取得したドイツのエネルギー会社RWEによる同社の売却である。その売却先についてはあまり関心事とならないが，オーストラリアの投資ファンド会社であるマッコーリーが所有者となっている。

　以下で，現実には多数の水道会社が外国ファンドによって経営されている点を明らかにする。

1　民営化後の統合再編

　1989年11月の民営化適用直後には，地域独占を維持する民営化企業10社と，歴史的に小規模民間事業者として残った法定企業29社の計39社が存在した。図表8-1の通り，民営化企業は同じ10社であるが，法定企業は民営化企業に吸収合併されるか,相互に合併したため13社まで減少し，業界全体の事業者数は計23社となっている。

　上下水道の両方を業務とする民営化企業は売上高で，①10億ポンド以上の大規模企業（表中LLL），②5億〜10億ポンドの中規模企業（LL），③2.5億〜5億ポンドの小規模企業（L）に分類される。また，上水道会社としての役割を果たす法定企業は，①5千万ポンド以上の大規模企業

図表8-1　英国（イングランド・ウェールズ）水道事業者の実態（2006年）

	事業者	規模	所有者	分類	国籍
1	*Anglian Water Services Ltd*	LL	*AWG plc*	PEF	英国
2	Northumbrian Water Ltd	LL	NWG plc	ST	英国
3	United Utilities Water Ltd (formerly North West Water Ltd)	LLL	United Utilities PLC	ST	英国
4	Severn Trent Water Ltd	LLL	Severn Trent plc	ST	英国
5	*Southern Water Services Ltd*	LL	*RBS, Perry Capital*	PEF	英国
6	South West Water Services Ltd	L	Pennon Group plc	ST	英国
7	*Thames Water Services Ltd*	LLL	*Macquarie*	PEF	オーストラリア
8	Dwr Cymru Cyfyngedig	LL	Glas Cymru Cyfyngedig	NP	英国
9	Wessex Water Services Ltd	L	YTL Power International	ML	マレーシア
10	Yorkshire Water Services Ltd	LL	Kelda Group plc	ST	英国
11	Bournemouth & West Hampshire Water plc	SS	Biwater plc	PO	英国
12	Bristol Waterworks Company	SSS	Agbar	ML	スペイン
13	Cambridge Water Company	S	Cheung Kong Infrastructure Ltd	ML	香港
14	Dee Valley Water plc	S	Dee Valley Water Group plc	ST	英国
15	Three Valleys Water plc	SSS	Veolia Environment	ML	フランス
16	*South East Water plc*	SSS	*Utilities Trust of Australia and Hastings Diversified Utilities Fund*	PEF	オーストラリア
17	*Sutton and East Surrey Water*	SS	*Deutshe Bank AG*	PEF	ドイツ
18	Folkestone & Dover Water Services Ltd	S	Veolia Environment	ML	フランス
19	*Mid Kent Water Company*	SS	*Utilities Trust of Australia and Hastings Diversified Utilities Fund*	PEF	オーストラリア
20	*Portsmouth Water plc*	SS	*Management, SMIF, EBT*	PEF	英国
21	*South Staffordshire Waterworks Company*	SSS	*Arcapita*	PEF	バーレーン
22	Cholderton & District Water Company	EXC	Cholderton & District Water Co Ltd	PO	英国
23	Albion Water (Shotton) Ltd	EXC	Waterlevel Ltd	PO	英国

（資料）OFWAT資料等に基づき作成。イタリックはファンド会社であることを示す。

(SSS)，②2千万ポンド～5千万ポンドの中規模企業（SS），③1千万ポンド～2千万ポンドの小規模企業（S）に分類される。なお，需要家数の少ない2社は通常，例外扱いされている（EXC）。

図表8-1から次の点が読み取れる。第1に，23社中10社について所有者が外国企業になっている。第2に，同一所有者が複数の会社を統括しているケースがある。このように，水道業界は民営化後のM&Aによって，単に表面的な統合再編の問題だけではなく，所有権と企業統治という経営の根幹に影響を及ぼす問題に直面している。

2 ファンドによる支配

所有者のタイプは，次の5類型に分けられる。①英国での株式上場企業（表中ST），②企業投資ファンド（PEF），③多国籍企業（ML），④非営利企業（NP），⑤個人所有企業（PO）。④と⑤については計4社存在するが，公益事業の所有者としては，特殊なタイプとみなされる。③に相当するのは5例4社あるが，とりわけフランスのベオリア（元ビベンディ）が長年の経験を積んでいる点からよく知られている。

②のファンド（プライベート・エクイティ）は，キャピタル・ゲインの獲得を主目的に活動する組織であるが，23社中8社にまで達している。①のタイプであっても，ほとんどの企業が投資会社や年金基金の投資対象となり，部分的に株式を保有されているのが実情である。テムズのように，エネルギー会社からは見放された例はあるものの，直接競争で顧客を奪い合うわけではなく，安定収入の期待できる水道事業は投資家から魅力があると判断されている。

英国の水道事業では，民営化当初からフランス企業3社が株式を取得

していたので，外資のウェイトが高まることは十分に予想できた。M&Aが過熱すると，資金力のあるファンド会社間での転売が加速化するのは当然の流れである。ファンドは短期的な視点で意思決定をするために，利用者への配慮を欠いた経営に走る危険性が高い。エネルギー分野でも，ファンド支配の傾向が現れているが，共通の課題はいかに安定供給を達成するかという点である。ファンドによる水道ビジネスが今後どのような効果をもたらすのかが注目される。

第2節　EDF英国配電3社譲渡の思惑

　フランスEDFは英国で配電会社3社を運営してきたが，2009年10月初めに，正式に譲渡することを明らかにした。同社は08年，ブリティッシュ・エナジー（BE）の取得により，原子力発電にも進出したばかりである。配電会社の売却は英国市場からの撤退を意味するのではなく，戦略的に原子力へのシフトを狙っているものと理解できる。

　以下で，その周辺事情を探ってみる。

1　配電ビジネスの現状

　英国では，1990年の民営化時にアンバンドリングが採用され，発電，送電，配電，小売り供給市場が区分された。新規参入が可能となったのは，発電と小売り供給部門である。また，送電会社のナショナル・グリッド・カンパニー（NGC）は，プール制や広域運用において大きな役

割を果たしてきた。配電は14エリアで地域独占が継続されているが，これまであまり注目されることはなかった。

配電会社の所有者と親会社は，図表8-2の通りである。所有者は英国

図表8-2　英国の配電会社（2009年）

エリア	運用者	所有者	親会社
North Scotland	Scottish Hydro Electric	Scottish Hydro Electric Power Distribution	Scottish and Southern Energy
South Scotland	SP Distribution	Scottish Power Energy Networks	Scottish Power
North Western	United Utilities Electricity	United Utilities	United Utilities
North Eastern	Northern Electric Distribution	CE Electric	MidAmerican Energy（米）
Yorkshire	Yorkshire Electricity Distribution	CE Electric	MidAmerican Energy（米）
East Midlands	East Midlands Electricity	Central Networks	E.ON（独）
Midlands	Midlands Electricity	Central Networks	E.ON（独）
Eastern	EPN Distribution	EDF Energy Networks	EDF（仏）
London	London Power Networks	EDF Energy Networks	EDF（仏）
South Eastern	SEEBOARD Power Networks	EDF Energy Networks	EDF（仏）
Merseyside/ North Wales	SP Manweb	Scottish Power Energy Networks	Scottish Power
Southern	Southern Electric	Southern Electric Power Distribution	Scottish and Southern Energy
South Wales	South Wales Electricity	Western Power Distribution	PPL（米）
South Western	Western Power Distribution	Western Power Distribution	PPL（米）

（資料）　energylinx資料に基づき作成。

企業のみならず，外国企業も含まれている。実質的に親会社は7社で，うち6社は複数エリアでビジネスを展開してきた。なかでもEDFは，ロンドンを含む東部の隣接した3エリアで800万戸の需要家を持つ。この地域は人口密度や経済成長の点で，他地域よりも恵まれた環境にある。

2　何故，譲渡するのか

　EDFによるBEの取得は，上流と下流のバランスを図る点で意義があったが，220億ポンドもの負債を抱えることになった。2010年末までに，約45億ポンドの負債軽減が企図されていた。特に，英国内で新規に欧州加圧水型原子炉（EPR）を4基建設するためにも，配電会社の譲渡が不可欠と判断された。しかし，実際にはもう1つの理由がある。

　民営化後，配電会社は料金規制によって，投資資金と安定収益を確保してきた。これは5年毎に見直されるが，2010～15年の数値に関して，エネルギー規制当局のOFGEMは料金抑制の観点から，配電会社の投資計画を認めない方針を示した。風力や電気自動車への対応から，スマートグリッド関連の投資が必要であるにもかかわらず，将来的に条件が悪化することをEDFはいち早く見通し，譲渡を即断したのである。

3　後継会社は現れるか

　OFGEM最終報告書は，09年内に公表される予定になっている。制度変更による不確実性が伴うものの，過剰な競争によって顧客獲得に人件費を要する小売り供給市場と比較すると，配電会社の魅力は失われていない。3社の売却額は，約40億ポンドになると予測されたが，これはま

さに負債軽減額と一致していた。一括譲渡はあまりにも高額であるため，購入できる企業は限られる。

既に業界再編成は終わっているので，他社による新たなエリア拡大は期待できない。海外からグローバル・インフラストラクチャー・パートナーズ（GIP）やモルガン・スタンレーの他，カナダの年金基金，アブダビ投資局，チョンコン・インフラストラクチャー（CKI）などが取得に動くという情報も流れた。投資ファンドは資金力で勝るが，長期的投資を継続する意欲に欠ける。脱炭素化を視野に入れた合理的な料金規制を前提に，ネットワーク投資に取り組むエネルギー企業への売却が望まれることは言うまでもない。

第3節　アジア企業初の配電会社買収

2009年秋，EDFは負債軽減などを目的に，英国で保有する配電3社の売却を決定した。その背景にある事情に関しては，前節で紹介した通りである。複数の候補が競い合った結果，10年8月末に香港の大富豪，李嘉誠（リ・カシン）の率いるチョンコン・インフラストラクチャー（CKI）と香港電力が58億ポンドで購入することになった。アジア企業が英国配電会社のオーナーとなるのは，これが初めてである。

以下で，チョンコン・グループ（長江実業集団）について紹介する。

1　チョンコンの多角化

　1928年，中国広東省生まれの李嘉誠は，アジアのみならず世界の長者番付で，常に上位に入る人物である。戦時に香港へ移住し，14歳からプラスチック製品の商社で働いた後，造花「ホンコンフラワー」の工場を立ち上げ，経済人としての地歩を固めた。その後，不動産や港湾業務で成功をおさめ，85年から香港電力の経営にも関与している。

　李嘉誠が所有するチョンコン・ホールディングスのグループに属す主要企業と，株式保有の関係を示すと図表8-3のようになる。それらの業務は不動産，ホテル，小売り，バイオテクノロジー，通信，エネルギー，港湾サービス，広告・出版など，多岐に及んでいる。いわゆるコングロ

図表8-3　チョンコン・グループの組織図（2010年）

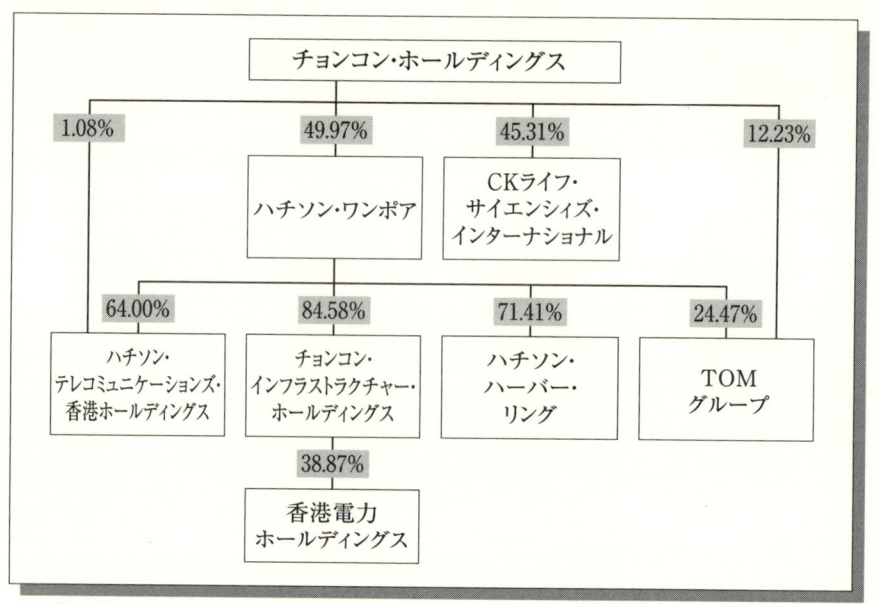

```
              チョンコン・ホールディングス
   1.08%     49.97%         45.31%        12.23%
              ハチソン・     CKライフ・
              ワンポア       サイエンシィズ・
                            インターナショナル
   64.00%    84.58%         71.41%        24.47%
   ハチソン・  チョンコン・    ハチソン・      TOM
   テレコミュ  インフラスト    ハーバー・      グループ
   ニケーショ  ラクチャー・    リング
   ンズ・香港  ホールディングス
   ホールディ
   ングス
              38.87%
              香港電力
              ホールディングス
```

（資料）http://www.ckh.com.hk/eng/about/about_group.htm

マリット型の多国籍企業にあたり，進出国は54カ国，雇用者数は24万人に達する。

2　積極的インフラ投資

　CKIは規制緩和の流れのなかで，英国の水道会社とガス会社に対する投資を続けてきた。2004年にケンブリッジ・ウォータを100％取得（5,100万ポンド）。05年，ノーザン・ガス・ネットワークスの40％取得（5億5,700万ポンド）。07年，サザン・ウォータの4.8％取得（6,200万ポンド）。09年，香港電力と共同で，ノーザン・ガス・ネットワークスの持ち分を88％に引き上げ（7,500万ポンド）。同年，シーバンク・パワーの50％取得（2億1,100万ポンド）。

　発電事業では，香港に加えて，中国本土，カナダ，タイでも設備を持ち，総発電能力は12,535メガワットを誇る。配電に関しては，豪州とニュージーランドで4エリアを持ち，総延長はそれぞれ4,600，6,500，83,000，86,000キロメートルで，需要家数は16万，31万，70万，80万件である。したがって，EDFの3社合計，18万キロメートル，780万件という規模はこれまでにない最大級となる。

3　アジア企業のパワー

　かつてEDFがロンドン・エレクトリシティを取得する時に，首都を隣国に明け渡すのかという批判があった。CKIの獲得したロンドンとその南北に立地する配電会社は，人口密度と経済環境の両面で好条件に恵まれている。香港が1997年まで長期にわたり英国の統治下にあったため，

今回も心理的な抵抗があるかもしれない。CKIとしては，インフラ部門の充実と市場の拡大を通して，収益の安定化を図る計画である。欧米企業に限らず，アジアに拠点を置くインフラ企業も，世界的規模で大型案件を動かす時代に入ったと言える。

第4節　国境を越える空港ビジネス

航空・空港業界では自由化後に，独仏の大手企業が他国と協調して欧州市場において，安定的な地位を築こうとしているが，その構図はエネルギー業界と類似している。これまで国際的な再編成は例外的であったが，合併以外にも株式の相互持合いや委託契約などの手法を通して，外国企業との協力関係を中長期的な観点から強化する戦略が目立ってきた。それらの手法は，短期的な利益獲得を目的とする投資ファンドによる買収を防衛する点でも効果がある。以下で，その動向を紹介する。

1　仏蘭の資本関係強化

航空会社が複数国で運営されているのは，北欧SASの事例だけである。通常は国際合併が難しいため，グローバル・アライアンスに加盟するのが一般的である。ところが，業界の常識を覆し，2004年2月に仏エール・フランスとオランダKLMが合併するに至った。欧州委員会の調査でも，問題がないとの判断が下されている。それぞれの名称は残され，エール・フランスは国際線で第4位，KLMは第6位に立つ。首位は低料金でシ

ェアを伸ばし続けている格安航空会社（LCC）のライアンエアである。両社は定期便旅客数の合計値で，なんとかライアンエアと並ぶ。合併の背景に，新規参入者への対抗意識があったのは確かである。

さらに，それぞれの拠点空港であるパリ・シャルルドゴール空港の運営会社パリ空港会社（ADP）と，アムステルダム・スキポール空港の運営会社スキポール・グループの2社は，08年10月に株式の相互持合いによって資本関係を結んだ。持株比率は互いに8％で，12年間，20年まで継続される。両社は「デュアル・ハブ構想」に基づき，旅客と貨物のシェア増大を図ろうとしている。前者は国内で14空港，後者は4空港を経営しているので，ネットワークはますます充実する。このように両国は国境を越えて，航空と空港の実質的な垂直統合を進めている。

2 協調路線に入る独露

09年6月末に，独フランクフルト空港の運営会社であるフラポートが，ロシア・サンクトペテルブルグのパルコボ空港の運営権を取得した。フランクフルトは年間旅客取扱数5,400万人で，世界ランキング第8位。フラポートは既に民営化されており，航空会社ルフトハンザやモルガン・スタンレーなども株主となっている。パルコボ空港の旅客は700万人だが，国内では第4位の座にある。フラポートはロシアの大手銀行VTBとギリシャの投資会社ホライゾン・エア・インベストメントとの合弁によって，落札に成功した。運営権は30年契約であり，所有権が移転するわけではない。

パルコボ空港の所有者であるサンクトペテルブルグ市は，将来需要が3倍に達するとの予測から，入札により民間企業に大規模投資を委ねる

決定を下した。フラポートの競争相手は以下の2社であった。1つはシンガポール・チャンギ空港とロシア・アルミ業界の資産家オレグ・デリパスカが動かす投資会社ベーシック・エレメントの合弁，もう1つはオーストリア・ウィーン空港とロシア・ガスプロムが出資する投資会社リーダーの合弁。このように今回の入札では外国の空港会社に頼りながらも，ロシアの一流企業がいずれにも関与していた点に特徴がある。

3 インフラ整備の道筋

　空港と航空は基本的に別組織であるため，インフラ整備の時期や規模を決定することは容易ではない。エネルギー分野でもアンバンドリングによって，送電部門が発電や小売り部門から分離されていると，同様の問題が生じる。空港をエッセンシャル・ファシリティと捉えると独立会社である方が望ましいが，健全な設備投資を確保するためには，ターミナルビルと滑走路の一体経営や航空会社との垂直的な統合も重要と考えられる。

　わが国では，航空自由化以降，需要密度の低い地方空港の存続が困難になっている。欧州で採用されている国内での複数一括運営や，他国の空港会社との提携によって，ネットワークの維持方策を探るべきである。競争下においても，地域を問わず，利用者が可能な限り，均一のサービスを享受できる環境を整備することが，交通とエネルギーに共通する課題であろう。ユニバーサル・サービスを実現するためにも，他国との緊密な連携が必要な時代に入ったのではないだろうか。

第5節　投資ファンドのインフラ経営

1　外資による大型買収

　2009年末から，投資ファンドが配電と空港業界で大きな動きをみせている。1つは，EDF傘下にある配電3社の買収劇である。香港チョンコン・インフラストラクチャー（CKI）の他，オーストラリア・マッコーリー，カナダ年金基金，アブダビ投資局のコンソーシャムが有力候補となっていた。売却額が40億ポンドにも達するため，送電会社のナショナル・グリッドは10年3月末に離脱し，結果的に，前述した通り，CKIが取得することになった。

　もう1つは，ガトウィック空港の売却である。競争政策当局はロンドン3空港を保有するBAA（親会社はスペインの建設会社・フェロビアル，他2社）に分離を命じていた。マンチェスター・エアポーツ・グループなど英国企業も意欲的だったが，結果的にグローバル・インフラストラクチャー・パートナーズ（GIP）が15億ポンドで取得した。

　GIPはニューヨーク，ロンドン，香港，シドニー等を拠点とするインフラ・ファンドである。その出資者はクレディ・スイス（CS）とゼネラル・エレクトリック（GE）であり，電力，ガス，空港，道路，水道会社を投資先としている。CSはスイスを拠点に，金融業務で150年以上の経験を持つ。また，アメリカ企業であるGEは，発電設備のみならず飛行機エンジンのメーカーでもあるので，空港運営に関与するのは当然である。以下で，その独創的な行動を紹介する。

2　逆境を活かす独創性

　GIPは06年から，別の米国のファンド，ハイスター・キャピタルと共同で，既にロンドン・シティ空港を運営している。同空港は，サッチャー時代に港湾エリア再開発の目玉として開港されたところである。都心から30分以内でアクセスできるが，滑走路が1,500mしかないのが弱点となっている。小型機やビジネスジェットが中心で，年間300万人という地方空港の規模に過ぎない。そのようなGIPが，10倍以上の3,200万人を扱うハブ空港のガトウィックを獲得することになった。

　その買収と並行して注目されたのは，エアバスの中型機A318でニューヨーク直行便を飛ばす計画である。1,500mでは小型機しか使えないので，長距離の就航は不可能である。ところが，航空会社であるブリティッシュ・エアウェイズとの協力により常識を覆し，09年秋からこのサービスを開始した。実は，出発時に燃料を満タンにせず，重量を軽くして離陸している。アイルランドのシャノン空港で給油し，待ち時間に米国への入国手続きを済ませるというフライトが誕生した。

3　差別化で顧客を誘引

　このように隣国の支援もあり，金融都市を結ぶ1日2往復の利便性の高い路線が実現した。対象はこれまでと同様，ビジネス客である。通常110席のシートは，32人乗りとしてアレンジされている。運賃は曜日や時間帯で異なり，1,900〜5,600ポンドと幅がある。ヒースロー空港に比べ平均10％は割高だが，混雑がなく，搭乗手続きもわずか15分で済むため，高い搭乗率が維持できている。個性的なサービスを嗜好する利用者

がリピーターとなり，結果的に好循環が生み出されている。

　ニューヨーク路線が開拓できた理由として，GIPとハイスター・キャピタルがアメリカ系企業である点があげられる。外国企業だからこそ，他国において自国との路線をキャリアと協議したのである。ロンドン近郊では多数の空港が競争関係に立っている。GIPはシティ空港をビジネス客，ガトウィック空港を格安チケット利用客として使い分けて，更に成長するであろう。

　これまでBAAがヒースロー空港の設備投資を優先し，ガトウィック空港の拡張を軽視してきたことは否めない。今後，GIPが滑走路を増設すれば，航空業界の活況を通して，出資者であるGEの増益にもつながる。さらに，周辺地域の騒音対策なども進められる。投資ファンドが環境に配慮したインフラ経営に，どのような具体策を講じるのかを観察できる好例となりそうだ。

第6節　公的インフラの持続可能性

1　公的サービスの充実

　英国では，保守党政府が2010年11月初めに，財政支出を削減するために，12年から大学への補助金をカットし，授業料を値上げする方針を公表した。しかし，ロンドンではそれに抗議する大規模な学生デモが起きるなど，社会問題となっている。かつては「ゆりかごから墓場まで」のスローガンの下で，充実した福祉政策が保証されていた国である。それ

だけに国民の間には，公的サービスの1つである教育についても，低廉な料金で提供されるべきという暗黙の了解があった。

公益事業については，1980年代末から民営化と規制緩和が進められ，料金設定に関して完全自由化，もしくは上限のみを規制するという緩和策が実施された。電力・ガスなどのインフラ業種でも，基本的には競争原理の下での経営が定着している。国有から民間企業に移行し，柔軟な経営手法が取り入れられたが，長期的な観点から設備投資が充分であるのかという検証は，厳密に行われてきたわけではない。

2 公益事業のグローバル化

EU統合の推進と地域経済の再生という点から，外国企業の進出に対する抵抗は少ない。「ウィンブルドン現象」と揶揄されるが，むしろ雇用が維持できる面では歓迎される。しかし，実際には，自由化を標榜するサッチャー政権下でも，民営化直後に「黄金株」（ゴールデン・シェア）という保護措置を通して，外国企業の株式取得を制限していた。しかし，それも欧州委員会の指導により撤廃せざるを得ない結果となった。

既に，多くの外国企業が公益事業に参入している。原子力専門会社ブリティッシュ・エナジー（BE）を取得したフランスEDF，国有発電会社を継承したドイツのRWEやE.ON，10年10月から配電会社のオーナーとなった香港のチョンコン・インフラストラクチャーなどが有名である。また，水道会社や空港会社にも，多数のオーストラリアの投資ファンドや，カナダの年金基金が関与していることは，前述した通りである。

3　所有形態の影響調査

　英国政府は公正取引庁（OFT）を中心として，公益企業の所有権の調査に乗り出した。対象はエネルギー，通信，水道の他，鉄道，空港，港湾，道路，駐車場，ごみ，郵便まで，広範な業種に及ぶ。まだ，事実確認のための情報収集段階に過ぎないが，それぞれの分野で，以下のような事業者の所有形態とそれらの比率が明確にされている。①株式会社による民間企業，②公有企業，③政府系ファンド，④インフラ・ファンド，⑤金融ファンド，⑥年金基金など。

　この調査目的は，公的インフラの所有形態が利用者の利便性にどのような影響を与えるのかを解明する点にある。現実には民営化以降，社会インフラを運営するのは投資ファンドが主流となっている。インフラ会社の資産規模は大きいので，株式売買に参画できる投資家は限られている。この調査を通して，投資ファンドが将来の設備投資に与える効果を分析したいというのが，英国政府の本当の狙いでもある。

　エネルギー規制当局であるOFGEMは，小売物価上昇率マイナスx％という公式によるプライス・キャップを数年後に廃止し，新たな規制方法に変更することも発表している。これは低炭素社会構築とスマートグリッド整備のために，ステークホルダーの意見を反映しやすくすると説明されているが，設備投資の責任を民間企業側に委ねるものと考えられる。授業料と同様に，エネルギー料金の上昇はデモや暴動を引き起こしかねない。公的インフラの持続可能性について，所有形態による影響も含め，熟慮しておくことは重要であろう。

第9章

アンバンドリングの弊害
～破綻した鉄道インフラ～

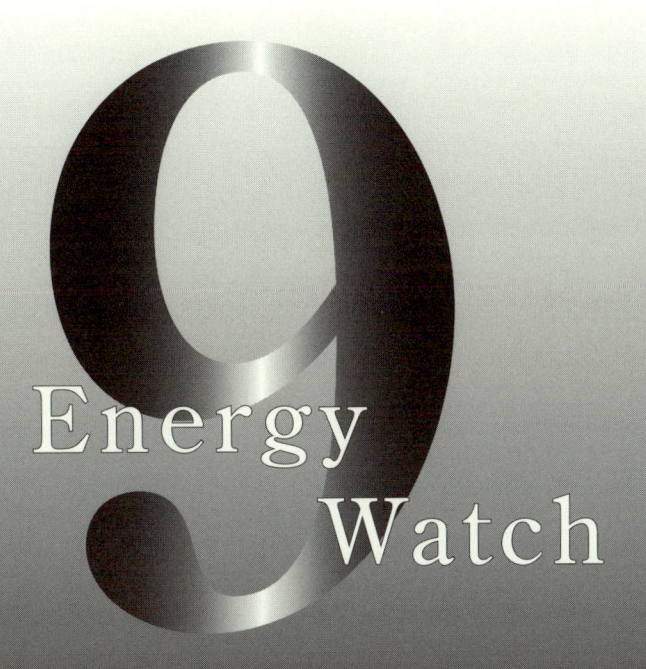

Energy Watch

第1節　鉄道「上下分離」の帰結

　英国の鉄道改革で実施された「上下分離」は，しばしば電力改革の「発送電分離」と比較される。2001年10月にインフラ専門会社であるレールトラックが倒産したが，政府は管財人の下で，以前通りのネットワークを維持する必要性を強調した。これは米国・カリフォルニア州の電力危機で，州政府が最終的に倒産企業の救済によって供給停止を回避した点と共通している。

1　「上中下分離」の適用

　国有企業であった英国鉄道BRは，サッチャー時代から民営化の対象にあげられていたが，業績不振によって株式売却の目途はまったく立たなかった。メージャー政権の下で民営化の具体案が検討され，1993年鉄道法に基づき，94年から「上下分離」というドラスティックな改革が進められた。
　「上」に相当する旅客列車運行会社（25社）と「下」にあたる線路・信号・駅舎を管理するインフラ会社（レールトラック1社）に分けられた。「上下分離」はスウェーデンでも導入されているが，英国の特徴は車両部門（3社）をさらに独立させた点にあり，実際には「上中下分離」となっている。
　車両会社とインフラ会社は株式会社として，民間企業に移行できたが，旅客列車運行会社に関しては，株式売却が期待できなかったので，フラ

ンチャイズ制が採用された。これは路線と期間を指定した営業免許権を，競争入札により特定企業に付与する方策である。

2 補助金支出による運営

　列車運行会社はリースによって車両を調達し，インフラ会社に線路使用料を支払って業務を行う。BR当時の路線区分をベースに，25の組織が入札単位とされたが，もともと24路線は赤字であったので，列車運行会社に補助金を支出する措置が講じられた。入札段階で最低必要補助金額を提示した会社が，営業免許権を獲得できる。94年4月にフランチャイズ計画が公表されたが，当初，入札に応じる企業は少なく，ブレア政権への移行前の97年3月にようやくすべての路線がバス会社などにより落札された。

　物理的設備を持たない点で，列車運行会社は電力市場の小売り供給事業を行うマーケッターと似ているが，補助金を受け取っている点で異質である。フランチャイズの認可や補助金支出を担当する組織として，戦略的鉄道局（SRA）が設置された。それとは別に，免許交付や線路使用料の規制を行う鉄道庁と，鉄道政策全般に責任を負う運輸・地方政府・地域省（DTLR）が存在する。バーミンガム，マンチェスター，リバプールなどの7都市では，旅客輸送公社（PTE）が地域の輸送サービスを確保する目的から補助金を支出してきた経緯がある。

3 事故件数と設備投資額

　「上下分離」は「2つのカイホー」を達成できるので評価されている。

第9章　アンバンドリングの弊害　～破綻した鉄道インフラ～　183

　1つは列車運行会社を固定設備費用から「解放」する点であり，もう1つは線路というネットワークを複数企業に「開放」する点である。以前には想像できなかったことであるが，同じ線路上を異なる会社の列車が走っている。逆に，そのために事故が増加したという厳しい批判もみられる。あわせて，レールトラックがインフラ投資を怠っている点も問題になっている。

　しかし，事故増加については一般的な推測にすぎず，図表9-1の統計データから明らかなように，「上下分離」や「フランチャイズ」の採用された1994年以降に事故件数が増えた事実はなく，むしろ減っている。ただし，99年10月と2000年10月にそれぞれ多数の死傷者を出す衝突と脱線事故がロンドン近郊で発生し，複数企業による経営の難しさを露呈した。調査の結果，レールトラックの投資不足が指摘された。インフラ投資額は図表9-2の通りであるが，BR改革後に投資が減少したわけではなく，逆に年々増加していたことがわかる。

図表9-1　事故発生件数

年	89/90	90/91	91/92	92/93	93/94	94/95	95/96	96/97	97/98	98/99	99/00
衝突	329	290	187	154	135	125	123	120	127	121	93
脱線	192	183	144	205	113	149	104	119	93	117	90

（資料）DTLR, *Transport Statistics Bulletin*, 2000.

図表9-2　インフラへの投資額

（単位：百万ポンド）

年	88/89	89/90	90/91	91/92	92/93	93/94	94/95	95/96	96/97	97/98	98/99
鉄道網	487	655	693	840	939	762	890	900	1,178	1,430	1,823

（資料）DTLR, *Transport Statistics Bulletin*, 2000.

図表9-3 列車運行への補助金

(単位：百万ポンド)

年	85/86	86/87	87/88	88/89	89/90	90/91	91/92	92/93
政府補助金	849	755	796	551	479	637	902	1,194
PTE補助金	78	70	68	70	84	115	120	107

年	93/94	94/95	95/96	96/97	97/98	98/99	99/00
政府補助金	926	1,815	1,712	1,809	1,429	1,196	1,031
PTE補助金	166	346	362	291	375	337	312

(資料) DTLR, *Transport Statistics Bulletin*, 2000.

　レールトラックが破綻した背景には，インフラ投資への支出増大があると考えられる。「上下分離」後も投資が継続されてきたにもかかわらず，線路・信号の老朽化が激しいために，事故の再発防止に向けて一層の投資が必要であったと解釈できる。理論的には線路使用料を通した資金調達も可能であるが，実際には列車運行会社や利用者の負担増大につながるために認め難い。

　列車運行会社25社に支出された補助金は，図表9-3に示されるように，過去にBR1社が受け取っていた金額をはるかに上回っている。もしその資金がレールトラックの設備投資に充当されていれば，事故を未然に防げただけでなく，ネットワークの崩壊を導くインフラ会社の倒産も避けることができたはずである。需給見通しを立てる主体が不在になり，重点的な資金配分が実現できなかった点から「上下分離」に基づく鉄道改革は失敗に終わったと判断せざるを得ない。

第2節　アンバンドリング後の鉄道再建

　英国の鉄道改革で，旅客列車運行部門，車両リース部門，線路・信号・駅舎部門を別会社にする「上中下分離」が実施された点は，既に前節で紹介した通りである。25に区分された列車運行ライセンスが，新規参入者に付与される点で，この措置は経済活性化に寄与するとともに，サービス改善につながると考えられた。しかし，実際には最終利用者の料金が上昇する結果を招いただけでなく，インフラ会社であるレールトラックが倒産する危機的状況に至った。

1　上昇傾向にある利用料金

　「上中下分離」は1994年から開始されたが，すべての列車運行組織の競争入札が完了したのは97年3月であった。図表9-4に示している料金変化率は，列車運行会社が軌道に乗った99年を100にとっている。2002年までに全列車運行事業者の料金は，平均で8％上昇したことがわかる。それは同じ期間における小売り物価上昇率6％よりも上回っている。
　スタンダードの一部について規制料金が残されているが，その他は非規制料金である。スタンダードの平均上昇率が5.9％であるのに対して，ファーストは23.6％も上昇している。また，地方ローカル線よりも長距離の料金の方が，はるかに上昇率は大きい。ロンドン・南東部における上昇率は低く，小売り物価上昇率との比較からは良好な成果を得ていると言えるかもしれない。アンバンドリングによって参入機会は創出され

図表9-4　鉄道料金変化率

(1999年1月＝100)

		1999年1月	2000年1月	2001年1月	2002年1月
小売り物価上昇率（RPI）		100.0	102.0	104.7	106.1
ロンドン・南東部	ファースト・クラス	100.0	102.0	105.0	105.0
	スタンダード・クラス	100.0	101.0	102.9	102.8
	全チケット	100.0	101.1	103.0	102.9
長距離	ファースト・クラス	100.0	112.3	119.7	128.7
	スタンダード・クラス	100.0	105.0	106.9	111.6
	全チケット	100.0	106.8	110.1	115.7
地方ローカル線	ファースト・クラス	100.0	106.1	111.1	116.4
	スタンダード・クラス	100.0	101.9	104.4	106.5
	全チケット	100.0	102.1	104.8	106.9
全列車運行事業者	ファースト・クラス	100.0	110.1	116.5	123.6
	スタンダード・クラス	100.0	102.4	104.4	105.9
	全チケット	100.0	103.3	105.8	108.0

（資料）　Strategic Rail Authority, *National Rail Trends*, 2002.

たものの，料金のバラツキと上昇傾向が定着しているのが実態である。

2　インフラ崩壊後の対応策

　94年以降，旅客列車運行会社の収入は着実に増加しているが，それに対してインフラ専門会社であるレールトラックは2000年度に損失を出すことになった。同社は99年と2000年にロンドン近郊で起きた衝突・脱線事故に伴う賠償費用や改良投資に要する費用増加により支払不能に陥り，01年10月に事実上，倒産した。倒産が明らかになると同時に，鉄道法に基づき裁判所から管財人が指名され，従来通りのインフラ・サービスが提供され続けた。

02年3月に新会社ネットワーク・レールが後継会社として組織化されたが，10月にレールトラックの資産を継承することが正式に決定した。同社は会社法に基づいて設立されているが，株主は存在しない。構成員は鉄道監督庁である戦略的鉄道局（SRA）に加えて，鉄道ライセンス保持者である列車運行会社と，独立委員会によって選ばれたメンバーである。財源として銀行のシンジケート団により90億ポンドのブリッジ・ローンが用意され，さらに政府支援も投入されている。主たる任務は，貨物と旅客の列車運行サービスの提供，全国の鉄道インフラの維持と更新，時刻表・列車運行計画・信号の管理である。

3　日本の電力改革への示唆

「上中下分離」の後に，事故が増加したという誤った認識がみられる。実際には減少しているが，問題はロンドン近郊という交通密度の濃い地点で大事故が発生したことである。この点から，混雑時に系統運用上の事故を招く危険性を指摘できる。また，インフラ投資が減少したと考えられがちであるが，全体の投資額は増加している。問題は企業数の増加により情報が分散したために，設備投資の必要な箇所に対して，重点的に資金が充てられなかった可能性が高い点である。また，現場における経験不足や技術継承の不連続性も，鉄道と電力に共通した問題点として指摘できる。

　鉄道インフラ再建のために，中立的性格の強い組織が設立された。列車運行会社がネットワーク・レールの組織化に関与している点は注目に値する。緩い垂直統合を図る形態をとっているが，設備投資に関する決定権はSRAが握っている。競争に晒されたインフラが朽ちることのな

いように，政府の関与が強化されたが，投資インセンティブの機能する方策を明確にするのが今後の課題であろう。

第3節　鉄道インフラの破綻と復興

　英国の鉄道改革では前述した通り，「上中下分離」が実施された。列車運行については，営業権を取得した複数の民間企業によって運営されているが，実態は補助金に依存している。2001年10月に，インフラ会社レールトラックが倒産に陥り，02年10月にネットワーク・レールが後継会社に決まった。アンバンドリング後の鉄道業界の直面する課題は電力改革にも共通している点が多く，参考になる。

1　アンバンドリングの損失

　「上中下分離」以降，インフラ投資の総額は決して低下しているわけではないが，図表9-5に示すように線路建設が不十分であった点が明白になる。鉄道民営化が話題になった1980年代初頭から，一貫して年間の線路敷設距離は低下してきた。旧国鉄（BR）の推計によると，年間800キロメートルの更新投資がインフラの「安定状態」をもたらすと考えられた。しかし，90年代にはその基準値は満たされず，最悪時は年間200キロメートルにも達していない。

　国鉄時代から列車運行時間の正確性（パンクチュアリティ）は極めて劣悪であったが，民営化を契機にサービス向上の一環として指標が設け

第9章 アンバンドリングの弊害 ～破綻した鉄道インフラ～

図表9-5　　　　　　　　　　年間の線路敷設距離

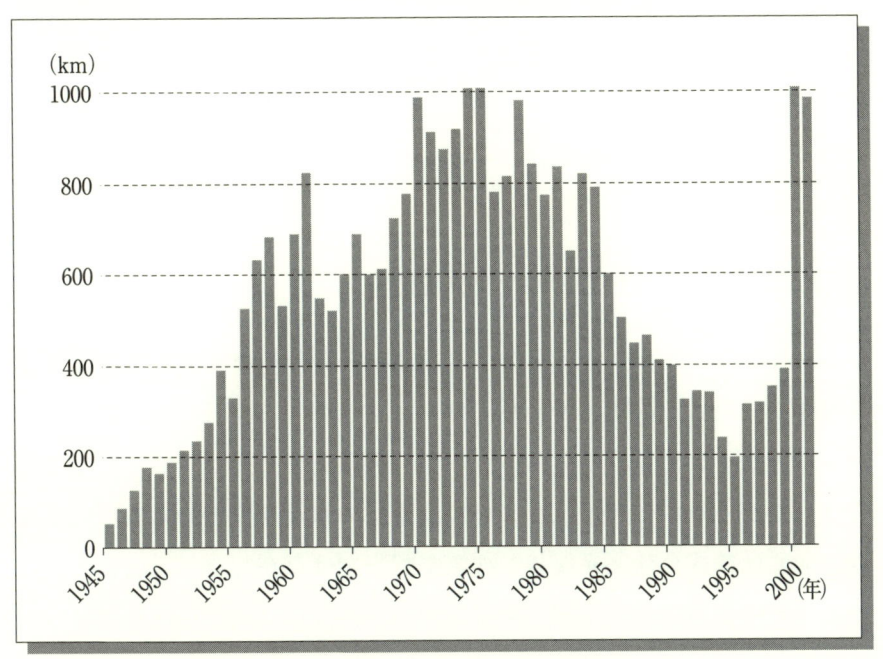

（資料）Network Rail, *2003 Business Plan Summary*, 2003.

られ，改善努力が重ねられてきた。列車到着率でみたパンクチュアリティは90年代後半期に88％であったが，その後は77％まで落ち込んでいる。これは2000年10月に起きた大事故（ハットフィールド・クラッシュ）による影響である。信号と線路への投資不足は，結果的に列車運行会社のサービス低下を招き，現実のパンクチュアリティを著しく悪化させた。

　事故数が増加しているという批判もあるが，実際には減少している。ただし，多数の死傷者を伴う事故が需要密度の濃いロンドン近郊で頻発した。この点から，需給調整の重要性が認識されるべきであろう。アンバンドリング後のレールトラックは，資産管理を軽視したために，熟練

労働者を養成することにも失敗した。実際には，線路のメンテナンスなどは下請け会社に任されていたので，レールトラック内部に専門技術を持つ現場労働者は存在しなかった。民営化された同社は単に線路使用料だけで収入が確保できるので，資産維持と労働者管理に十分な注意を払わなくなったのは当然である。

2 経営形態とガバナンス問題

　レールトラック倒産後，インフラ業務は一時，管財人のもとで維持されたが，政府はその間に新会社のガバナンス問題を検討した。結局，ネットワーク・レールは中立的性格の強い有限責任会社（CLG）として設立されたが，そのモデルはウェールズ地域の水道事業者であった。この経営形態は株式会社と異なり，株主や配当金は存在しない。出資者からの資金で経営は成り立つが，利益はすべて再投資に向けられる点に大きな特徴がある。ネットワーク・レールはいくつかの目標を提示して，経営上のインセンティブを改善する将来計画を発表している。

　出資者は114のメンバーから構成される。その主たる内訳は規制機関である戦略的鉄道局（SRA）を筆頭に，列車運行会社12，貨物運行会社3，メンテナンス会社8，地方自治体6，その他公共団体8，労組団体6，法人組織10，個人会員51となる。SRAは2002年～03年に約10億ポンドを投入し，将来5年間で総額94億ポンドの助成を行う計画である。メンバーに列車運行会社と貨物運行会社が含まれる点で，組織運営上，垂直統合が重視されたと解釈できる。また，SRAが最大の出資者である点から，公的資金による運営の必要性が認識されたことがわかる。

　規制機関はSRA以外に，鉄道規制庁（ORR）と運輸省（DFT）が存

在する。SRAが列車運行会社に対する監視やネットワーク・レールへの助言を行い，ORRが鉄道事業者へのライセンス付与や料金規制を担当しているが，両組織間での意思疎通の欠如や責任所在の不明瞭性が問題となっている。政府当局の政策目標やプライオリティの相違が，規制の立案や実行可能性にマイナス効果をもたらしている面もある。公的なサービス提供を市場に委ねる場合においても，政府の役割は需給計画の策定や事後的規制の遂行という点で重要であるので，明確な業務分担を基礎に，今後も確実なインフラ投資が進められることを期待したい。

第4節　鉄道アンバンドリングの反動

　鉄道事業を列車運行，車両リース，インフラの3部門にアンバンドルする「上中下分離」については，既に紹介した通りである。これまでは線路・信号・駅舎の責任を担うインフラ会社の経営破綻がニュースとなってきた。しかし，それだけではなく，列車運行会社の存続にも大きな問題が生じており，鉄道サービス全体のあり方が注目を集めている。

1　列車運行会社の撤退

　政府は旅客列車運行に関して，民間企業の手に委ねるフランチャイズを推進してきた。フランチャイズを導入した初期段階では，補助金支出を前提にしていたが，段階的に補助金を削減する方針を示している。もともと赤字体質であったために，株式売却を断念した鉄道改革であるが，

政府としては永続的な補助金支出は望んでいない。民間企業の自立を促すために，長期計画では補助金を停止し，逆に列車運行会社からの利益を政府に収めさせる見解を出している。

　フランスの公益企業であるビベンディ・グループのコネックスは，ロンドン近郊地域を中心とする旅客列車運行会社として運営権を取得していた。その期限は契約の上では，1996年10月から2006年12月であったが，実際には03年11月に撤退した。その理由は，政府が補助金支出に厳しい条件を付与したからである。同社の業務エリアは需要密度の点で最も有利な地域であったが，政府の示した条件からビジネスとしての魅力は少ないと判断した。

　コネックスの撤退後，その地域の鉄道サービスが停止に至れば，市場メカニズムが貫徹されたという意味で理解しやすいが，実際には利用者保護の観点から，そのような措置は採用できなかった。政府は規制当局の完全子会社を設立し，従来通りのサービスを維持し続けたのが現状である。皮肉な結果であるが，上中下分離とフランチャイズに基づく民営化が公的関与の強化を招いてしまった。

2　寡占化に基づく安定

　図表9-6に示されるように，列車運行会社は25社であるが，その親会社は10社しか存在しない。フランチャイズが開始された96年からわずか8年の間に集約化が急速に進展し，親会社のほとんどがバス会社に落ち着くことになった。当初，様々な事業者が列車運行業務を遂行すると期待されたが，結果的には運輸部門からの参入者が，寡占的な総合交通企業として成長する道を開拓している。

図表9-6　英国旅客列車運行会社と親会社（2003年）

列車運行会社	親会社	備考
Arriva Trains Merseyside	Arriva	バス会社
Arriva Trains Northern		
Connex South Eastern	Connex Rail (UK) Ltd	ビベンディ・グループ（仏）
First Great Eastern	First Group Plc	バス会社
First North Western Trains		
First Great Western Trains		
Anglia Railways	GB Railways Plc	鉄道会社
Thames Trains	Go Ahead Group / Go-Via	バス会社
Thameslink		
South Central		
Chiltern Railways	M40 Trains John Laing Plc	道路建設会社
Central Trains	National Express Group	バス会社
Silverlink		
ScotRail Railways		
Midland Main Line		
Gatwick Express		
Wales & Borders		
Wessex		
West Anglia Great Northern		
c2c		
Great North Eastern Railway	Sea Containers	船舶リース会社
South West Trains	Stagecoach Plc	バス会社
Island Line		
Cross Country Trains	Virgin Rail Group Ltd	航空会社
West Coast Trains		

（資料）Network Rail, *2003 Route Plans*に基づき作成。

04年3月末にフランチャイズ契約が終結するスコットランドの鉄道網に関して，同年1月に新たな入札が行われた。入札に臨んだ3社はすべてバス会社であった点から，運輸部門で鉄道とバスのサービスを結合する戦略が重視されていることがわかる。これはエネルギー部門の電力とガスの同時供給契約（デュアル・フュエル）と類似している。競争政策の視点からは大型企業の出現は望ましくないが，政府は列車運行について安定的な運営を望んでいるのも事実である。

3　求められる政策転換

　列車運行会社の事業者団体（ATOC）は，アンバンドリングが鉄道経営に劣悪な成果しかもたらさなかった点を指摘している。将来の改革方法としてインフラ会社を垂直的に統合する提案がみられる。1つの方法は，現在のインフラ会社に物理的設備の所有権だけを認め，信号管理，列車制御，時刻表作成の権限を列車運行会社に移す機能的統合である。もう1つは，インフラ会社を旅客列車運行会社と同一組織にする完全な垂直統合である。

　効率性や公平性の点で優れていると信じられてきたアンバンドリングにより，現実にはサービス停止の危機的状況や重点的インフラ投資の不足が表面化してしまった。鉄道にはバスとの共同運行やビル経営との兼業など，ビジネスとしての潜在能力は残されている。政策担当者は競争指向の政策潮流のなかで，その能力を引き出す必要がある。経営者サイドでは，利用者のニーズを十分に把握し，サービス改善をきめ細かく実現しなければならない。運輸とエネルギーで条件は異なるが，同様のことは電力経営にもあてはまるであろう。

第5節 エネルギーの選択・発送電は一貫で

　東日本大震災後の電力問題は日本全体の問題としてとらえる必要がある。ミクロ的には東京電力や福島第一原子力発電所をどうするか，という問題もある。どの次元で政策を語るのかが重要となる。中部電力に対して，超法規的に浜岡原発の停止を要請する一方で，原子力損害賠償法第3条但し書きを使わず，株主が存在する民間の東京電力に賠償を委ねた。民間企業の設備運用に政府が介入し，かたや福島第一原発の事故賠償については，民間任せという，つじつまの合わない政策がとられた。

　介入主義なのか，市場主義なのか，どちらのベクトルで政策を運用するのか，不透明である。最も優先されるべきことは，電源の充実に基づく日本経済の活性化であることは間違いない。そのような上位の政策目標が軽視されたなかで，制度の見直しが進んでいる。地産地消型のエネルギー供給システムを否定するわけではないが，マクロ経済を支えるエネルギー政策について，実行可能かつ優先度の高い措置を熟考すべきであろう。

　新規参入者を増やすために，アンバンドリングが急務であるかのような見解が出されているが，問題解決策にはならない。もちろん，風力や太陽光については，時間をかけて容量を拡張することが望まれる。発電のボリュームを確保するためには，地球温暖化ガスの問題は払拭できないが，化石燃料に依存せざるを得ない。資源小国であるわが国では，海外から化石燃料を輸入しなければならないことは明らかである。燃料費が高騰するなかで，アンバンドリング後に新規参入者が急激に成長する

とは考えにくい。

　むしろ英国の鉄道事業と同様に，設備投資をめぐるデメリットが表面化すると予測できる。垂直統合型であれば，いつ需要が高まり，どこに投資すべきかが明確になり，電源と流通設備の投資計画が立てやすい。それに対して，アンバンドリングされた市場では，複数主体間で情報が拡散し，取引コストもかかるために，投資が後手に回る。

　送電部門を独立させる独立系統運用者（ISO）を設立したとしても，単に設備をリースする主体としてしか機能しないことも考えられる。人件費を節減する観点から，送電線周辺の木の伐採を怠り，その結果，ブラックアウトを招くという事態も実際に起きている。

　わが国では，垂直統合型を選択した上で，公正な電力取引が機能するように日本卸電力取引所（JEPX）と電力系統利用協議会（ESCJ）を創設して，日本型モデルを構築した。それを否定することで，発電ボリュームを十分に確保することにはならない。全国の原子力発電所の再稼働が困難な時期に，アンバンドリングが最適な政策であるとは言えないだろう。

　電力政策のプライオリティは，電源の拡充に置かれるべきである。ボリュームを満たすためには，LNG火力が最有力と考えられる。しかし，大型タンカーが着船できるLNG基地は限られているので，政府が主体となって港湾整備を急ぐ必要がある。夏と冬の需要ピーク時に，需要側からの節電協力も不可欠であるが，家庭用も産業用も毎年，ピーク時の使用抑制に円滑な対応ができるか疑問も残る。

　放射能汚染で被害を受けた住民への損害賠償と，メルトダウンを起こした福島第一原発の廃炉に要する時間やコストを勘案すると，再稼働は容易ではない。ストレステストや防潮堤建設を条件に，原子炉のタイプ

や経年劣化を考慮するなかで，再稼働の可能性が探られることになる。今後，京都議定書の遵守や原発立地点の雇用，製造業を中心とする産業空洞化の回避を考えると，自治体の判断も尊重する必要がある。

福島第一原発については，賠償と廃炉に要するコストが予測できない。通常の廃炉とは，まったく条件が異なり，世界でも例のない特殊な状況に直面している。首都圏の電力供給を担う東京電力を，「ゴーイング・コンサーン」として維持するためには，福島第一原発の公的管理が不可欠である。賠償対応への人的な配置を十分に行い，かつ東京電力の設備投資を継続させる方策が求められる。

原子力損害賠償機構を通した東電国有化論が議論されているが，国有化による電力供給は効率性向上に寄与するとは言えない。同様に，他社の原子力発電所も含めた国有化案も，現在，わが国が直面している電力危機を克服する上で，有効な措置とはならない。

喫緊の課題は，燃料確保のために，上流部門への資金投入や長期契約の締結であろう。その際，外国企業との協力関係が様々なレベルで模索されるべきである。LNG基地と同様に，近隣国との国際連系線を開発することも，わが国の供給力を補完する上で，1つのオプションとなる。欧州では広域経済圏のなかで，国際連系線が安定供給を支えている。わが国では，地形的にはメッシュ状にはならないが，2地点間の連系線ではあるが，国際協力に基づく，卸発電サイドの電力取引を考慮すべき時期にきている。

結　語

　英国はわが国と同様に島国である。北アイルランドは，ブリテン島から孤立し，隣国アイルランドと地続きになった別の島に立地している。しかし，英国はEUという広域経済圏のなかで，域内を中心に密接な関係を保持しながら，エネルギー政策を運営してきた。EU全体のエネルギー政策に関しては，フランスやドイツの見解が優先されることが多いが，両国が英国に追随せざるを得ないこともある。

　エネルギー産業は国家を左右する極めて重要な性格を持つが，EUのような組織のなかでは，最終的には相互依存関係が重視され，協調的な政策を形成することになる。わが国は，東日本大震災からの復興に多大な時間を要するが，少なくとも，発電ボリュームを確保し，需要家に対する停電の不安を払拭し，供給可能な体制を築くことが不可欠である。今後，アジア広域経済圏のなかで，燃料調達や国際連系線の構想を具体化していく必要もあるだろう。

あとがき

　本書は，電気新聞「ワールドレポート」欄と「フォーリンレビュー」欄に連載してきた原稿をまとめたものである。初出は以下の一覧表の通りである。大幅に加筆修正をしているが，論調は発行当時のままにしている。また，部分的に内容が重複している箇所もある。事実関係はその時々で，公的機関から公表されている文書と複数のニュース・ソースで確認している。

　連載は1998年から続けているので，約15年になる。いつも編集でお世話になっている，電気新聞編集局の新田毅氏と佐藤輝氏にお礼申し上げたい。また，本書の企画を提案していただいた同文舘出版の市川良之氏にも感謝している。研究のための資料の入手や印刷の段階で，関西学院大学経済学部資料準備室の田中美穂氏と山下麻美子氏に協力していただくことが多かった。ここに記して，謝意を表したい。

《初出一覧》

1. 「英国・鉄道改革『上下分離』の帰結」, 2002年2月6日.
2. 「英国・TXU社の自由化対応策」, 2002年4月3日.
3. 「英国・エネルギー・インフラ会社の誕生」, 2002年6月5日.
4. 「英国・原子力発電と廃棄物処理の将来」, 2002年7月31日.
5. 「英国・ブリティッシュ・エナジーの危機」, 2002年9月25日.
6. 「英国・アンバンドル後の鉄道再建」, 2002年11月20日.
7. 「英国・配電・小売りの寡占化－独系企業が支配」, 2003年1月22日.
8. 「英国・全国大の市場形成へ－BETTA計画が具体化」, 2003年3月19日.
9. 「英国・北アイルランドの自由化」, 2003年5月14日.
10. 「英国・瀕死のBEに再建策」, 2003年7月9日.
11. 「英国・自由化と事業規則の整備」, 2003年9月3日.
12. 「英国・ロンドン停電と送電網」, 2003年10月29日.
13. 「英国・自由化後の問題解決策」, 2003年12月24日.
14. 「英国・小売り自由化と販売戦略」, 2004年3月3日.
15. 「EU・電力自由化と政策協調」, 2004年4月28日.
16. 「英国・鉄道インフラの破たんと復興」, 2004年6月30日.
17. 「英国・エネルギー法制定と原子力」, 2004年8月25日.
18. 「英国・鉄道アンバンドリングの反動」, 2004年10月27日.
19. 「欧州・送電連系線の混雑管理」, 2004年12月22日.
20. 「英国・ガス市場の環境変化」, 2005年2月23日.
21. 「オランダ・電力取引所と市場の活性化」, 2005年4月13日.
22. 「英国・自由化後の料金めぐる議論」, 2005年6月8日.
23. 「欧州・自由化時代の設備投資」, 2005年8月3日.
24. 「欧州・電力取引所 活性化への方策」, 2005年11月30日.
25. 「英国・露からの風に揺れるガス市場」, 2006年2月1日.
26. 「英国・小売り市場で競争進展」, 2006年3月29日.
27. 「EU・企業買収防衛策の妥当性」, 2006年5月31日.
28. 「ロシア・サミットとエネルギー問題」, 2006年7月26日.

29.「英国・優先される天然ガス確保」, 2006年9月20日.
30.「英国米国・ヴァージンの環境ビジネス進出」, 2006年11月22日.
31.「欧州・『西方拡大』を狙うガスプロム」, 2007年1月31日.
32.「欧州・エネルギー企業大型合併の行方」, 2007年4月11日.
33.「英国・水道M&A操る投資ファンド」, 2007年6月13日.
34.「英国・スコットランドでISO採用」, 2007年10月17日.
35.「英国・規制改革省のエネ市場見通し」, 2007年12月19日.
36.「英国・原子力発電推進姿勢打ち出す」, 2008年2月27日.
37.「英国・自由化成功支える規制当局」, 2008年5月14日.
38.「ポーランド・電力会社の民営化に遅れ生じる」, 2008年7月30日.
39.「欧州・低炭素社会実現に決意を表明」, 2008年10月22日.
40.「英国・開発競争促しCCS推進目指す」, 2009年1月21日.
41.「英国・普及が期待される環境対応車」, 2009年5月27日.
42.「欧州・国際的な再編進む航空・空港業界」, 2009年8月5日.
43.「英国・EDF, 英配電3社譲渡の思惑」, 2009年11月4日.
44.「英国・低炭素化進めるインフラ計画」, 2010年2月17日.
45.「英国・投資ファンドのインフラ経営」, 2010年4月21日.
46.「欧州・スマートグリッド構築着々と」, 2010年6月30日.
47.「英国・アジア企業初の配電会社買収」, 2010年9月1日.
48.「英国・公的インフラの持続可能性」, 2010年11月24日.
49.「英国・政府主導で急ぐ『電力市場改革』」, 2011年1月26日.
50.「欧州・洋上スーパーグリッドの構築」, 2011年4月20日.
51.「欧州・災害復興で設立された連帯基金」, 2011年7月13日.
52.「英国・エネルギー大手が相次ぎ値上げ」, 2011年10月19日.
53.「欧州・経済不安　どうなるインフラ投資」, 2012年1月18日.
54.「英国・海岸沿い原子力の水害リスク」, 2012年5月9日.

参考文献

(第1章)
British Energy [2003], *Annual Review 2002-03*.
Cabinet Office Performance and Innovation Unit [2002], *The Energy Review*.
Command of Her Majesty [2002], *Managing the Nuclear Legacy: A strategy for action, Presented to Parliament by the Secretary of State for Trade and Industry*, Cm 5552.
Department for Business, Enterprise & Regulatory Reform [2008], *Meeting the Energy Challenge: A White Paper on Nuclear Power*.
Directive 2001/80/EC of the European Parliament and of the Council of 23 October 2001 on the limitation of emissions of certain pollutants into the air from large combustion plants.
National Audit Office [2008], *The Nuclear Decommissioning Authority: Taking forward decommissioning*.

(第2章)
APX-ENDEX [2012], *Corporate Facts and Figures*.
Belpex [2005], *Belpex will deliver the services for the Virtual Power Plants (VPP) in Belgium from January 1, 2006 onwards; Start of the Belpex Day-Ahead Market planned in the second quarter of 2006*.
Capgemini [2004], *European Energy Markets Deregulation Observatory*.
Capgemini [2005], *European Energy Markets Observatory*.
Department of Trade and Industry, *BETTA Regulatory Impact Assessment*.
European Transmission System Operators [2004], *An Overview of Current Cross-border Congestion Management Methods in Europe*.
European Transmission System Operators and EuroPEX [2004], *Flow-based Market Coupling*.
Office of Gas and Electricity Markets [2003], *National Grid Transco - Potential sale of network distribution businesses 77/03: A consultation document*.

(第3章)
Council of European Energy Regulators [2005], *Investments in gas infrastructures and the role of EU national regulatory authorities*.

Eurelectric [2004], *Ensuring Investments in a Liberalised Electricity Sector.*
Eurelectric [2004], *Power Outages in 2003: Task Force Power Outages.*
European Regulators Group for electricity and gas [2005], *The Creation of Regional Electricity Markets.*
National Grid [2005], *Gas Transportation Ten Year Statement 2005.*
National Grid [2006], *Transporting Britain's Energy 2006: Development of NTS Investment Scenarios.*
National Grid Company [2003], *Investigation Report into the Loss of Supply Incident affecting parts of South London at 18:20 on Thursday, 28 August 2003.*
National Grid Transco [2004], *Transportation Ten Year Statement 2004.*

(第4章)

Consumer Focus [2011], *Consumer Focus response to Ofgem's Retail Market Review.*
Department of Energy and Climate Change [2011], *Fuel Poverty Monitoring Indicators 2011.*
Eurelectric [2004], *Union of the Electricity Industry -EURELECTRIC Guidelines for Customer Switching.*
Office of Gas and Electricity Markets [2006], *Domestic Retail Market Report.*
Office of Gas and Electricity Markets [2007], *Domestic Retail Market Report.*
Office of Gas and Electricity Markets [2011], *The Retail Market Review -Findings and initial proposals.*

(第5章)

Command of Her Majesty [2003], *Energy White Paper Our Energy Future - creating a low carbon economy, Cm* 5761.
Command of Her Majesty [2011], *Planning our electric future: a White Paper for secure, affordable and low-carbon electricity, Presented to Parliament by the Secretary of State for Energy and Climate Change, Cm* 8099.
Department of Energy and Climate Change [2010], *Consultation on electricity market reform.*
Department of Trade and Industry [2007], *The Role of nuclear Power in a Low Carbon UK Economy.*
House of Lords [2003], *Energy Bill.*
Infrastructure Planning Commission [2009], *Interim Corporate Plan October 2009-March 2011, Business Plan October 2009-March 2010.*

Infrastructure Planning Commission [2009], *Introducing the Infrastructure Planning Commission: A guide to its role.*
Infrastructure Planning Commission [2009], *Introducing the Infrastructure Planning Commission: What we do and how you can get involved.*
Society of Motor Manufacturers and Traders [2009], *New car CO2 report 2009.*
Virgin Atlantic [2006], *Virgin Atlantic Chairman Sir Richard Branson Unveils Plans to Cut Carbon Emissions from Aviation by up to 25%.*

(第6章)
Commission of the European Communities [2004], *Third benchmarking report on the implementation of the internal electricity and gas market.*
European Commission [2011], *European Union Solidarity Fund: Annual Report 2009.*
European Commission [2011], *Proposal for a Regulation if the European Parliament and of the Council on guidelines for trans-European energy infrastructure and repealing Decision No 1364/2006/EC.*
European Electricity Grid Initiative [2010], *The European Electricity Grid Initiative Roadmap 2010-18 and Detailed Implementation Plan 2010-12.*
Global Energy Security, St. Petersburg, July 16, 2006. (http://en.g8russia.ru/docs/11.html)

(第7章)
Commission of the European Communities [2001], *Case No COMP/M.2443 - E.ON/POWERGEN.*
Commission of the European Communities [2002], *Case No COMP/M.2801-RWE/INNOGY.*
Commission of the European Communities [2006], *Case No COMP/M.4110-E.ON/ENDESA.*
Commission of the European Communities [2007], *Case No COMP/M.4517-Iberdrola/ScottishPower.*
Deminor Ratings [2005], *Application of the one share - one vote principle in Europe.*
Department of Trade and Industry [2005], *Digest of UK Energy Statistics.*
Ministry of the Treasury (Poland) [2007], *Privatisation Lines for Treasury Assets in 2008.*
Polish Information and Foreign Investment Agency [2006], *Poland's Fuel and Energy Sectors.*

PricewaterhouseCoopers [2007], *Power Deals 2006*.

(第8章)
Air France and KLM [2004], *Air France - KLM: A Global Airline Market Leader*.
Cheung Kong Infrastructure Holdings Limited [2010], *Chronology of CKI & HK Electric Investments in the UK*.
Cheung Kong Infrastructure Holdings Limited [2010], *CKI & HK Electric Global Energy Investments*.
Cheung Kong Infrastructure Holdings Limited, *Power and Momentum: Annual Report 2009*.
Commission of the European Communities [2004], *Case No COMP/M.3280- AIR FRANCE/KLM*.
Fraport, *Northern Capital Gateway LLC*.
(http://www.fraport.com/content/fraport-ag/en/company/fraport_worldwide/subsidiaries_investments/airport_management0/northern_capitalgatewayllc.html)
Global Infrastructure Partners [2009], *British Airways: Historic Flight for London City Airport*.
Office of Fair Trading [2010], *Infrastructure Ownership and Control Stock-take*.
Ofwat (the Water Services Regulation Authority) [2009], *Financial performance and expenditure of the water companies in England and Wales 2008-09*.

(第9章)
Department for Transport, *Transport Statistics Bulletin*.
Network Rail, *2003 Business Plan Summary*.
Network Rail, *2003 Route Plans*.
Strategic Rail Authority [2002], *National Rail Trends*.

索　引

［あ　行］

アンバンドリング
　………………41, 62, 64, 68, 82, 131,
　　　　　164, 172, 188, 194, 195, 196
EU連帯基金 ……………………………… 137
ウィンド・ファーム……………… 112, 135
エッセンシャル・ファシリティ ………… 42
LNGターミナル ……………………………… 72
黄金株 …………………… 82, 155, 156, 176

［か　行］

化石燃料賦課金 ……………………… 7, 22
グリッド・コード ………………………… 36
原子力廃止措置局 ……………… 14, 17, 103
国際連系線 ……………………………… 99
固定価格買い取り制…………………… 120

［さ　行］

再生可能エネルギー・ゾーン ………… 104
自然変動電源 …………………………… 131
上下分離 ………………… 13, 181, 182, 184
スイッチング ………… 66, 87, 91, 92, 93, 94
スーパー・ユーティリティズ …… 145, 161
スーパーグリッド ………………… 134, 136
スマートグリッド ……… 131, 132, 134, 177
スロット ……………………………… 42, 43

［た　行］

炭素回収貯留技術 ………………… 108, 111

［な　行］

デュアル・フュエル
　……………… 78, 83, 85, 88, 91, 92, 94, 97, 194
電気自動車 ……………………… 114, 115
独立系統運用者 ………………………… 39
トランス・ヨーロピアン・ネットワークス
　…………………………………………… 127

［な　行］

NETA ……… 4, 5, 10, 29, 31, 37, 57, 82, 83
ネットワーク・コード ………………… 37

［は　行］

バーチャル・パワー・プラント …… 49, 53
発送電分離 ……………………… 7, 181
東日本大震災 ……… 99, 139, 154, 195, 199
福島第一原発事故 ……………… 24, 195
負債管理局 ………………… 5, 10, 14
フュエル・ポバティ ………………… 78, 89
プライス・キャップ …………… 69, 144, 177
プラグイン・ハイブリッド車 ………… 116
BETTA ……… 13, 29, 30, 31, 35, 37, 39

［ま　行］

マーケット・カップリング ………… 45, 52
マルチ・ユーティリティ …………… 59, 68

［や　行］

有限責任会社 …………………………… 190
ユニバーサル・サービス …………… 42, 172

《著者紹介》

野村　宗訓（のむら・むねのり）

関西学院大学　経済学部教授　博士（経済学）
1958年　兵庫県生まれ
1981年　関西学院大学経済学部卒業
1986年　関西学院大学大学院経済学研究科博士課程修了
1986年　名古屋学院大学経済学部　講師
1992年　大阪産業大学経済学部　助教授
1998年　関西学院大学経済学部　教授

1989年4月～1990年3月　英国レディング大学　客員研究員
1999年3月，2000年2月　仏リール科学技術大学　客員教授
2010年4月～2012年3月　関西学院大学産業研究所　所長

専攻分野　産業経済学，規制経済学，公益企業論

《著書》
『民営化政策と市場経済』税務経理協会，1993年．
『イギリス公益事業の構造改革』税務経理協会，1998年．
『電力　自由化と競争』同文舘出版，2000年．（編著）
『電力市場の参入者』日本電気協会新聞部，2001年．（共著）
『電力市場のマーケットパワー』日本電気協会新聞部，2002年．
『欧州の電力取引と自由化』日本電気協会新聞部，2003年．（共著）
『変貌するアジアの電力市場』日本電気協会新聞部，2004年．（共著）
『低炭素社会のビジョンと課題』晃洋書房，2010年．（共編著）
『航空グローバル化と空港ビジネス』同文舘出版，2010年．（共著）
『新しい空港経営の可能性』関西学院大学出版会，2012年．（編著）

平成24年7月10日　初版発行　　　　《検印省略》
　　　　　　　　　　　　　　　　　略称：エナジー

エナジー・ウォッチ
―英国・欧州から3.11後の電力問題を考える―

　　著　者　　野　村　宗　訓
　　発行者　　中　島　治　久

発行所　**同文舘出版株式会社**
東京都千代田区神田神保町1-41　〒101-0051
電話　営業（03)3294-1801　編集（03)3294-1803
振替　00100-8-42935　http://www.dobunkan.co.jp

©M.NOMURA　　　　　　　印刷・製本：萩原印刷
Printed in Japan 2012

ISBN 978-4-495-44071-8